中国地质调查局地质调查项目成果

新疆南疆地区地质灾害风险评估及防治对策研究

——以新疆生产建设兵团南疆驻地为例

魏云杰　魏昌利　邱　曼等　著

科学出版社
北　京

内 容 简 介

本书在分析南疆兵团辖区地质灾害孕灾背景的基础上，采用无人机航测、遥感解译、工程地质测绘、测试分析、山地工程等手段，对受地质灾害威胁严重的托云牧场、一牧场、叶城二牧场等团场开展调查，分析地质灾害特征与分布规律，采用地质分析、稳定性计算、数值模拟等方法开展典型、重大地质灾害稳定性与成灾机理研究，定性和定量相结合法开展地质灾害易发性、危险性、易损性评价及地质灾害风险评估，探索和总结了边疆、高寒、强震、极干旱地区地质灾害精细化调查与评价方法。

本书可供从事地质灾害防治、地震地质、工程地质、岩土工程、城镇建设等领域的科研和工程技术人员参考，也可供有关院校教师和研究生参考使用。

审图号：新 S（2021）016 号

图书在版编目（CIP）数据

新疆南疆地区地质灾害风险评估及防治对策研究：以新疆生产建设兵团南疆驻地为例／魏云杰等著 . —北京：科学出版社，2021.7
ISBN 978-7-03-069357-0

Ⅰ. ①新… Ⅱ. ①魏… Ⅲ. ①地质灾害–风险管理–研究–南疆
Ⅳ. ①P694

中国版本图书馆 CIP 数据核字（2021）第 139740 号

责任编辑：韦 沁 李 静／责任校对：王 瑞
责任印制：肖 兴／封面设计：北京图阅盛世

科学出版社 出版
北京东黄城根北街 16 号
邮政编码：100717
http://www.sciencep.com
北京汇瑞嘉合文化发展有限公司 印刷
科学出版社发行 各地新华书店经销
*
2021 年 7 月第 一 版 开本：787×1092 1/16
2021 年 7 月第一次印刷 印张：13 1/4
字数：314 000
定价：188.00 元
（如有印装质量问题，我社负责调换）

作者名单

魏云杰　魏昌利　邱　曼　张　瑛　王俊豪
罗　明　何元宵

项目参加人员

王文沛	王俊豪	王　军	王小明	王晓刚
王支农	石爱军	冯文凯	冯志远	朱　荣
朱赛楠	庄茂国	刘明学	刘照明	闫茂华
江　煜	孙渝江	李长顺	杨　磊	杨龙伟
吴　琦	余天彬	邹明煜	汪友明	张　明
张　楠	陈　革	陈　源	邵　海	苟　安田
欧阳辉	罗　宇	姜成新	顾　金	黄　喆
黄诗宇	黄细超	黄绪宁	彭　令	廖　维
谭维佳	魏云杰	魏昌利	魏贤程	

序

    新疆生产建设兵团承担着国家赋予的维稳戍边的特殊使命，其中在南疆分布有第一、第二、第三、第十四师 4 个师 58 个农牧团场。南疆兵团 58 个农牧团场插花式分布在塔里木盆地绿洲地带和西南天山、昆仑山山区边境沿线及山前平原，地质灾害易发，部分团场还地处与夏汛降水、融雪和地震有密切关系的地质灾害多发区。

    2017 年以来，中国地质环境监测院在"新疆叶城-乌恰地区综合地质调查"二级项目下设置的"新疆生产建设兵团南疆驻地地质灾害风险评估"子项目是首次在兵团辖区开展地质灾害调查与风险评估工作，填补了兵团地质灾害调查的一项空白，项目实施不仅初步摸清了第三师叶城二牧场、托云牧场和第十四师一牧场地质灾害特征和成因，为兵团编制南疆师（市）国土空间规划奠定了基础，也为兵团向南发展过程中新建、拟建城市选址发挥了地质灾害调查示范作用。

    本书在收集整理地质灾害类型、数量和危害的基础上，分析南疆兵团地质灾害孕灾条件，采用无人机航摄测量、遥感解译、工程地质测绘、山地工程等先进技术方法，对兵团南疆重点农牧团场开展典型地质灾害调查，运用定性和定量相结合的方法开展地质灾害易发性、危险性、易损性评价和地质灾害风险评估，探索和总结了边境农牧团场高寒、强震、极干旱地区地质灾害精细化调查和评价方法体系。

2020 年 10 月 1 日

前　　言

　　新疆维吾尔自治区（新疆），地处亚欧大陆腹地，位于中国西北边疆，地广人稀，边境线长，自然环境条件差。新疆生产建设兵团（简称"兵团"）是新疆的重要组成部分，承担着国家赋予的维稳戍边的特殊使命，履行"稳定器、大熔炉、示范区"的"三大功能"，发挥"调节社会结构、推动文化交流、促进区域协调、优化人口资源"的"四大作用"。兵团下辖14个师（市）178个农牧团场，插花式分布在塔里木盆地、准噶尔盆地边缘绿洲地带和天山、阿尔泰山、昆仑山山区边境沿线及山前平原。

　　南疆地区是指位于天山以南、昆仑山以北的塔里木盆地及其周边山区，面积约108万 km²。南疆兵团是指位于南疆地区的兵团共4个师58个农牧团场，呈月牙形分布在塔里木盆地边缘的绿洲地带，是兵团在南疆发挥"三大功能""四大作用"的载体、支点和抓手。南疆地区地处第一、第二阶梯的过渡地带，盆地周边山区地形起伏大、气候干旱、气温变化大、风化作用强烈，受多期强烈构造活动影响，褶皱、断裂极其发育，地震活动强烈，岩体破碎，地质环境条件复杂多变，以滑坡、崩塌、泥石流为主的地质灾害发育，危害严重。近年来，区内降水量显著增大，暴雨、地震活动频繁，人类工程活动强度和范围增加，地质灾害频发。2014年2月12日，于田县发生7.3级地震，引发大量地质灾害，其后数年地质灾害数量剧增（徐锡伟等，2011；房立华等，2014；葛伟鹏等，2015）；2016年7月8日，叶城县柯克亚乡六村暴雨引发滑坡、泥石流灾害，造成35人死亡，43间房屋倒塌（胡桂胜等，2017）①。

　　国家高度重视新疆地质灾害防治工作，继2008年国土资源部与新疆维吾尔自治区人民政府启动"358"地质找矿计划"部区合作"之后，2016年中国地质调查局与新疆维吾尔自治区人民政府签订了新一轮"358"地质找矿计划合作协议，2017年部署了"新疆南疆重点地区地质灾害应急调查""新疆叶城–乌恰地区综合地质调查"项目，旨在示范、带动和提升新疆地质灾害防治能力，同时对兵团南疆地质灾害风险评估与防治工作做了专项部署。

　　本书以"新疆生产建设兵团南疆驻地地质灾害风险评估"项目成果为基础编撰而成。在分析南疆兵团辖区各农牧团场分布情况及地质灾害孕灾条件，收集、整理已有地质灾害类型、数量与危害的基础上，采用无人机航摄测量、遥感解译、工程地质测绘、测试分析、山地工程等手段，对受地质灾害威胁严重的托云牧场、一牧场、叶城二牧场等团场开展调查，查明降水、地形地貌、地质构造、岩土体特性、斜坡结构、工程活动等地质灾害形成条件与诱发因素，分析地质灾害特征与分布规律，采用地质分析、稳定性计算、数值模拟等方法开展典型、重大地质灾害稳定性与成灾机理研究，定性和定量相结合法开展地

---

① 中国科学院叶城"7·6"灾害地质考察队，2016，叶城县柯克亚乡六村滑坡堰塞坝溃决泥石流灾害考察报告，乌鲁木齐：中国科学院新疆分院，17~61。

质灾害易发性、危险性、易损性评价及地质灾害风险评估，探索和总结边疆、高寒、强震、极干旱地区地质灾害精细化调查与评价方法，提出地质灾害防治建议，以及重大地质灾害治理工程建议。

研究技术路线见图0.1。

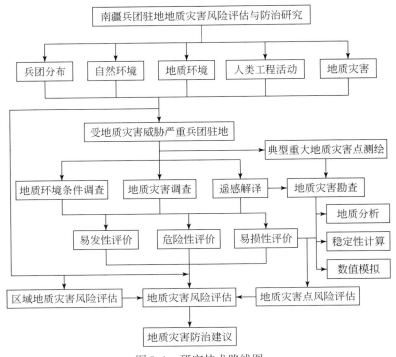

图 0.1　研究技术路线图

书中对南疆兵团辖区各农牧团场地质环境条件做了分析，收集、整理了区内地质灾害类型、数量及危害，分析了地质灾害特征及分布规律，对地质灾害危险性做了初步评价；查明了受地质灾害威胁严重的托云牧场、一牧场和叶城二牧场孕灾地质环境条件，地质灾害发育特征、分布规律和危害情况；采用地质分析、参数计算、数值模拟、综合评价等方法，对区内典型、重大地质灾害成灾机理做了研究；采用定性和定量方法相结合，开展了地质灾害易发性、危险性、易损性评价及地质灾害风险评估；提出了地质灾害隐患点防治建议，对重大地质灾害隐患点提出了治理工程方案建议；对边疆、高寒、强震、极干旱地区地质灾害精细化调查与评价方法做了探索和总结。

本书共五章，参与编写人员有魏云杰、魏昌利、邱曼、张瑛、王俊豪、罗明、何元宵。前言由魏云杰编写；第一章主要由魏昌利、邱曼、魏云杰编写，分析了南疆兵团分布及地质灾害孕灾环境，对受地质灾害威胁严重的托云牧场、一牧场和叶城二牧场地质灾害成灾背景做了深入剖析；第二章主要由邱曼、魏云杰、张瑛编写，阐明了南疆兵团以及托云牧场、一牧场、叶城二牧场地质灾害发育特征、分布规律和危害情况，对地质灾害形成条件与影响因素做了分析；第三章主要魏昌利、邱曼、何元宵编写，采用地质分析、参数计算、数值模拟、综合评价等方法，对南疆兵团辖区内典型、重大地质灾害成灾机理做了研究；第四章主要由魏云杰、张瑛、罗明、王俊豪编写，采用定性和定量相结合方法，开展了地质灾害易发性、危险性、易损性评价及地质灾害风险评估；第五章主要由魏昌利、王俊豪编写，提出了地质灾害隐患点防治建议，对重大地质灾害隐患点提出了治理工程方案建议。全书由魏昌利统稿，魏云杰做了修改、审订。

本书编著过程中，得到了自然资源部地质灾害技术指导中心殷跃平研究员、韩子夜研究员，四川省地质调查院成余粮教授级高工，新疆生产建设兵团自然资源局地质勘查处马清义处长，成都理工大学冯文凯教授等领导、专家的大力支持和帮助，并在关键技术、成果应用等方面提出了建设性意见，提高了专著学术水平。在此向所有对本书提供帮助和指导的专家、同行，以及项目参与人员表示衷心的感谢。

由于编者学术水平有限，书中难免有不妥之处，敬请读者批评指正。

作　者

2020 年 9 月于北京

目　　录

第一章　地质灾害成灾背景

第一节　研究区范围与社会经济概况

一、研究区范围

本书研究区涉及南疆兵团辖第一师、第二师、第三师和第十四师共 58 个农牧团场，主要位于塔里木盆地边缘，地理坐标：东经 74°53′51.3″ ~ 90°24′5.3″、北纬 35°57′26.7″ ~ 43°5′1.1″（图 1.1）。重点对受地质灾害威胁严重的托云牧场、一牧场和叶城二牧场开展了地质灾害风险评估。

二、社会经济概况

1. 第一师

兵团第一师位于天山南麓中段，塔里木盆地北部，新疆阿克苏地区境内，地理坐标：东经 79°23′20.1″ ~ 81°58′40.5″、北纬 40°17′24.9″ ~ 42°0′0.9″，北起天山南麓山地，南至塔克拉玛干沙漠北缘，东临沙雅县，西抵柯坪县，傍依阿克苏河、塔里木河、台兰河、多浪河水系，总面积 6939.68km²。第一师前身为创建于土地革命时期的红六军团、著名的三五九旅和一野二军步兵第五师，1949 年年底进驻新疆天山以南，1953 年整编为新疆军区农业建设第一师，现辖 1 团、2 团、3 团、4 团、5 团、6 团、7 团、8 团、阿拉尔农场、10 团、11 团、12 团、13 团、14 团、幸福农场、16 团等 16 个农牧团场。师部驻地阿拉尔市，距乌鲁木齐市公路里程 1010km，距阿克苏市 120km。境内有国道 217 线、314 线和省道 207 线、210 线、309 线，玉（尔衮）—阿（拉尔）公路、阿（克苏）—塔（里木）公路、阿（拉尔）—图（木舒克）公路、阿（拉尔）—和（田）公路、阿（拉尔）—沙（雅）公路交汇于此。第一师总人口 37.2 万人，其中汉族 32.7 万人，壮族、维吾尔族、回族、蒙古族等少数民族 4.5 万人。2018 年国民生产总值 308.55 亿元，其中第一产业增加值 122.01 亿元、第二产业增加值 113.94 亿元、第三产业增加值 72.6 亿元，居民人均可支配收入 32213 元，比上年增长 7.8%。第一师土地总面积 693968hm²，其中耕地 174075.9hm²、园地 60725.4hm²、林地 116286.1hm²、草地 33925.4hm²、城镇村及工矿用地 14290.8hm²、交通运输用地 8918.4hm²、水域及水利设施用地 102593.9hm²、其他土地 183152.1hm²。第一师属暖温带极端大陆性干旱荒漠气候，年均降水量为 40.1 ~ 82.5mm，年均蒸发量为 1876.6 ~ 2558.9mm。区内有水库 6 座，总库容为 5.23 亿 m³，有罗布麻、

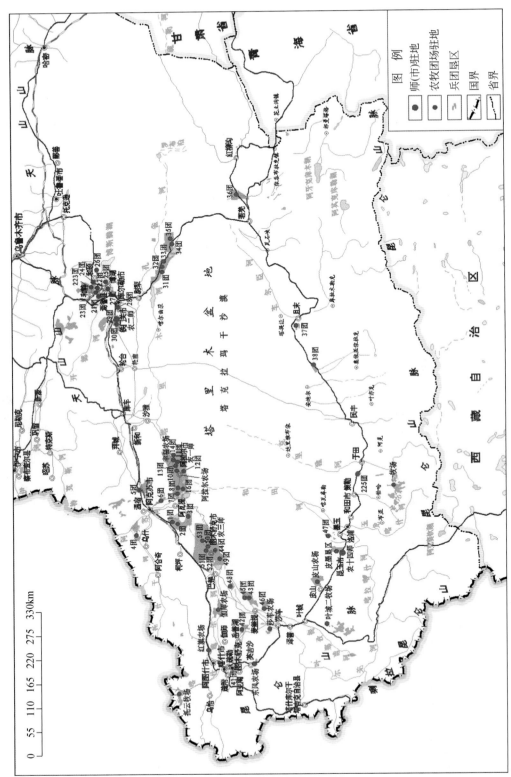

图1.1 南疆兵团分布位置图

甘草、红柳、胡杨、灰杨、次生胡杨林、沙枣树、沙棘、肉苁蓉、沙参、塔里木野兔等生物资源，有天山神木园、天山大峡谷、克孜尔千佛洞等名胜古迹。

2. 第二师

兵团第二师位于天山南麓，塔里木盆地东部，新疆巴音郭楞蒙古自治州境内，北依天山，南依阿尔金山，地理坐标：东经84°5′46.7″～90°24′5.3″、北纬37°12′22.8″～43°5′1.1″，总面积6990.43km²。第二师前身是渤海军区教导旅，1953年成立新疆军区农业建设第二师，2012年更名为新疆生产建设兵团第二师，辖21团、22团、23团、24团、25团、26团、27团、28团、29团、30团、31团、32团、33团、34团、35团、36团、37团、38团、223团等19个农牧团场、180个连队，包括焉耆、库尔勒、塔里木、且若四大垦区。师部驻地铁门关市，距乌鲁木齐市公路里程471km。境内有5条国道贯穿，连接南北疆各地州，有铁路客货运可达西安、乌鲁木齐、北京等主要城市，航班可直达北京、石家庄、乌鲁木齐等重要城市。第二师总人口22.19万人，其中汉族21.15万人，维吾尔族、回族、蒙古族等少数民族1.04万人。2018年国民生产总值152.4亿元，其中第一产业增加值46.96亿元、第二产业增加值65.66亿元、第三产业增加值39.78亿元，居民人均可支配收入20928元，同比增长15.6%。第二师土地总面积699043hm²，其中农用地总面积435125hm²、建设用地总面积29367hm²。第二师农牧场主要集中在山间盆地、山前冲积平原、三角洲地带，属暖温带大陆性干旱气候。区内矿产资源有石棉、煤、蛭石、石灰岩、饰面大理石、石膏、铁、锰、芒硝、陶土、黏土、滑石、白云石及片石、米石等，有库尔勒香梨、红枣、酱用番茄、辣椒、白糖、鹿茸等特产，动植物资源丰富，有楼兰古城、博斯腾湖、加麦清真寺等名胜古迹。

3. 第三师

兵团第三师位于塔里木盆地西北部绿洲，北接天山，西连帕米尔高原，南依喀喇昆仑山脉，东靠塔克拉玛干沙漠，西南部与吉尔吉斯斯坦、塔吉克斯坦、阿富汗、巴基斯坦、印度等国家接壤，地理坐标：东经74°53′51.3″～79°54′51.1″、北纬36°47′28.2″～40°34′26.4″，总面积8042.53km²。第三师前身可追溯至中国人民解放军二军步兵第四师第十二团，1966年在农一师第四管理处基础上整合组建新疆军区生产建设兵团农三师，2012年更名为新疆生产建设兵团第三师，现辖41团、42团、43团、44团、45团、46团、48团、49团、50团、51团、52团、53团、伽师总场、红旗农场、托云牧场、叶城二牧场、东风农场、莎车农场等18个农牧团场。师部驻地图木舒克市，距乌鲁木齐市公路里程1292km，距喀什市328km，距阿克苏市235km。境内有国道314线、G3012高速公路、中巴国际公路和南疆铁路通达，唐王城机场、喀什机场飞往国内各地。第三师总人口25.56万人，其中汉族11.16万人，维吾尔族14.05万人，其他少数民族0.35万人。2018年国民生产总值128.83亿元，其中第一产业增加值46.54亿元、第二产业增加值45.16亿元、第三产业增加值37.13亿元，居民人均可支配收入20928元，同比增长15.6%。第三师土地总面积804253hm²，其中耕地73600hm²，宜垦荒地373500hm²。区内有哈密瓜、甘草、肉苁蓉、罗布麻、野西瓜等特产，有唐王城、谒者馆、齐朗古城等名胜古迹。

第三师托云牧场位于喀喇昆仑山北端，天山南麓，西北与吉尔吉斯斯坦接壤，边境线绵延 240km，地理坐标：东经 74°50′~76°10′、北纬 39°45′~40°40′，有省道 221 线通达，辖区面积 522.026km²，有天然草场 66 万亩、人工草场 0.5 万亩、戈壁荒滩 12.27 万亩。托云牧场位于新疆克孜勒苏柯尔克孜自治州乌恰县境内，地处少数民族边境地区、边疆地区、贫困地区。

第三师叶城二牧场位于昆仑山北麓叶城县南 60km 的乌恰巴什镇，地跨新藏公路，北距喀什市 310km，东距和田市 330km，与叶城县柯克亚乡、西合休乡、乌恰巴什镇相连，地理位置：东经 76°30′~77°35′、北纬 36°40′~37°30′，辖区面积 629.217km²，区内耕地 1116 亩、园地 6281 亩、林地 931 亩、草场 87.75 万亩。叶城二牧场交通以公路为主，乡道 Y054 线贯穿牧场。叶城二牧场位于喀什、和田和阿里地区的交汇处，与叶城县宗朗乡、西河休乡、柯可亚乡、乌夏巴什镇交错分布，是以畜牧业为主、林果业为辅的国有农场，盛产杏子、苹果等优质水果，畜牧业以牦牛、黄牛、羊为主要品种，有丰富的天然玉石资源和珍稀野生动植物资源。

4. 第十四师

兵团第十四师位于塔里木盆地西南边缘，新疆和田地区皮山县、墨玉县、策勒县境内，地理坐标：东经 78°19′41.5″~81°23′32.8″、北纬 35°57′26.7″~37°49′41.5″，总面积 1719km²。第十四师前身由中国工农红军第六军团、八路军一二〇师三五九旅七一九团、中国人民解放军第一野战军一兵团二军五师十五团组成，2012 年更名为新疆生产建设兵团第十四师，现辖 47 团、皮山农场、一牧场、224 团、225 团等 5 个农牧团场。师部驻地昆玉市，东距和田市 70km，西距喀什市 380km。境内有吐和高速公路、吐和伊高速公路、三莎高速公路和国道 314 线、省道 215 线，通过和田机场飞往国内各地。第十四师总人口 5.7 万人，以维吾尔族、汉族为主。2017 年国内生产总值 19.54 亿元，其中第一产业增加值 9.09 亿元、第二产业增加值 6.21 亿元、第三产业增加值 4.24 亿元，连队常住居民人均可支配收入 13730 元，增长 8.7%。第十四师土地总面积 171916hm²，其中耕地 12365hm²、园地 8690hm²、林地 5530hm²、草地 84666hm²、城镇工矿用地 2672hm²、交通运输用地 1058hm²、水域及水利设施用地 1550hm²、其他土地 55385hm²。第十四师地势南高北低、东高西低，为平原、山地地貌，属干旱荒漠性气候和暖温带气候。区内矿产资源有铁矿、煤矿、石灰石、石膏、玉石、石墨石、玉石、云母、金矿及稀有矿等，有和田纪念碑、皮山大清真寺、乌鲁瓦提景区、和田玉文化墙等名胜古迹。

第十四师一牧场位于塔克拉玛干沙漠南缘与昆仑山北麓的策勒县境内，北距和田市 200km，距策勒县 100km，东距于田县 140km，为古丝绸之路南道，地理位置：东经 80°20′~81°30′、北纬 35°55′~36°35′，面积为 842.943km²。一牧场下辖 5 个农牧业连队、1 个社区，2019 年生产总值 9399 万元，境内旅游资源丰富，有"昆仑之门红色忆牧"和昆仑山大峡谷牙门旅游景区。一牧场交通以公路为主，乡道 Y251、Y253、Y254、Y255、Y256 线贯穿整个牧场。

第二节　自然地理条件

一、气象水文

（一）气象

1. 南疆兵团气象概况

南疆地处北半球中纬度地带，南有青藏高原阻滞印度洋水汽北上，西有帕米尔高原，北有天山，阻滞西部大气环流补给，深闭内陆，形成暖温带大陆性干旱气候。气候的基本特点是日照时间长，光热资源丰富，降水少而蒸发大，昼夜温差悬殊，冬寒夏热，春季增温快而不稳定，秋季短暂而降温迅速。平原区年平均气温为 10~13℃，年累积气温 4000℃以上，无霜期 200~220 天；山地气温夏季垂直递减明显，递减率为 6~8℃/1000m；年降水量不足 100mm，塔里木盆地不足 20mm，天山山区冬春多雪、夏秋多雨、空气相对湿润，年降水量在 500mm 左右（杨莲梅，2003；毛炜峰等，2006；古丽孜巴·艾尼，2014）。

兵团第一师，属暖温带极端大陆性干旱荒漠气候，极端最高气温 35℃，沙井子垦区最高温度 40℃，极端最低气温-28℃，四团垦区最低气温-33.2℃。年均太阳辐射为 133.7~146.3kcal/cm²。年均日照 2556.3~2991.8h，日照率为 58.69%。降水量稀少，冬季少雪，地表蒸发强烈，年均降水量为 40.1~82.5mm，年均蒸发量为 1876.6~2558.9mm。

兵团第二师，垦区分布范围广，以铁门关为界，焉耆盆地属中温带大陆性干旱气候，塔里木盆地东部属暖温带大陆性干旱气候。总日照数 2990h，无霜期平均 210 天，活动积温为 3850~4780℃，年蒸发量为 1799~2788mm，相对湿度为 41%~59%，主导风向东北风。区内年平均气温 11.4℃，气温垂直地带性很强，与海拔成反比，温度年差为 14~36℃，塔里木盆地极端最低气温为-33~-26℃，最大冻土度为 0.6~1m，焉晋盆地极端最低气温为-35~-30℃，最大冻土深度为 1.2m，小珠勒图斯极端最低气温曾达-48.1℃，最大冻土深度为 4.4m。降水差异极大，总体是北部多、南部少、山区多、平原少，年平均降水量为 58.6mm，小珠勒图斯盆及四周高山年降水量为 250~500mm，降水日数 110~120 天，阿尔金山东段年降水量为 100mm 左右，降水日数 30 余天，全年降水主要集中于 5~9 月，夏季降雨量占 50%~70%。年降雪量为 70~150mm，积雪主要分布于海拔 2000m 以上的天山山区和海拔 3000m 以上的阿尔金山山区，海拔 4000m 以上为永久积雪带。

兵团第三师，属暖温带大陆性干旱气候带。境内四季分明、光照长、气温的年和日变化大，降水稀少，蒸发旺盛，夏季炎热但酷暑期短，冬无严寒但低温期长，春夏多大风、沙暴、浮尘天气。平原区，年平均气温在 11.4~11.7℃，年降水量为 39~664mm，春夏秋冬四季分明；沙漠荒漠区，大陆性气候极显著，年平均气温在 11℃以上，冬季寒冷，夏季酷热，降水稀少，气候干燥，年降水量在 40mm 以下；山地丘陵区，年平均气温在 11℃以下，冬季较长，夏季短促，年降水量在70mm左右，主要集中在夏季，时有大雨甚至暴雨山洪发生；高原区，年平均气温在5℃以下，冬季漫长寒冷，夏季温和，降水较少，主要集中在春夏两季。

兵团第十四师，属暖温带极端干旱的荒漠气候。境内四季分明，夏季炎热，冬季冷而不寒，春季升温快而不稳定，常有倒春寒发生，多沙尘天气，秋季降温快，降水稀少，光照充足，热量丰富，无霜期长，昼夜温差大，年均降水量为35mm，年蒸发量为2480mm，每年沙尘天气220天以上。南部山区，属于温带或寒温带气候带，全年平均气温为4.7℃，极端最高气温34.0~36.4℃，极端最低气温-25℃，全年降水量为127.5~201.2mm，大于10℃的活动积温在3400℃以下。海拔5500m以上为永久积雪带；绿洲平原区，年平均气温为11.0~12.1℃，年降水量为28.9~47.1mm，年蒸发量为2198~2790mm。

2. 托云牧场气象

托云牧场地处乌恰县北部山区，属亚欧大陆腹部，远离海洋，日照充足，属典型的中温带大陆性气候。气候特点：春季天气多变，浮尘大风多；夏季凉爽，降水集中，是低云雷暴、冰雹集中出现期；秋季云淡气爽，降温迅速，降水减少；冬季晴朗严寒，风小雪少。区内地形复杂，地形高低悬殊，气候差异性大，总体气温是随海拔的上升而递减，降水量随海拔的升高而增加，干燥度随海拔的上升而减小。

区内降水量时空分布不均匀，在空间上随地势升高而增多，垂直分布十分明显，降水日数也随海拔的升高而增多。日降水量≥0.1mm的日数，平均每升高100m增加4天，最长连续降水日数10天，最长连续干旱日数为54天。从时间上来看，区内降水的年际变化大，多雨年份可达326.4mm，少雨年份为139mm，多年平均降水量为230mm。每年的5~8月为相对集中降水期，降水量为133.4mm，占全年降水量的58%；每年的11月至次年1月为枯水期，降水量为11.5mm，占全年的5%；其余月份为平水期，降水量为85.1mm，占全年的37%（图1.2）。

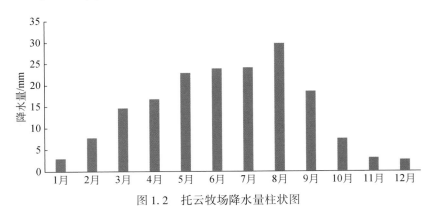

图1.2 托云牧场降水量柱状图

3. 叶城二牧场气象

叶城二牧场地处欧亚大陆腹地，远离海洋，是典型的大陆性干旱-半干旱气候。气候特点：夏季酷热、冬季严寒、降水稀少、蒸发强烈、气温变幅大（春季升温快、夏季气温高、秋季降温迅速）、日照时间长，霜冻、干旱、冰雹等灾害性天气时有发生。气温、蒸发量随高程增加而降低，降水量随高程增加而增大，具有明显的垂直分带性，使山区与平原气候具有较大差异性。

据叶城气象站气象资料，山区气候垂直差异较大，年平均气温为 1.7℃，1 月平均气温为 -11.9℃，7 月平均气温为 15℃，年蒸发量为 2000mm，年降水量在 200mm 左右，多集中于 5～8 月。全年无霜期仅有 90 天左右，积雪厚度最大可达到 1m 左右，冻土深度为 120cm。

4. 一牧场气象

一牧场三面环山，分农业、牧业两个区域，上至雪线、下连戈壁，海拔落差较大（约 2000m）。一牧场属暖温带荒漠气候，气候变化异常，昼夜温差较大，夏季炎热，冬季寒冷，春季气温回升快，秋季降温迅速。年平均气温为 10.3℃，≥10℃ 年积温为 2792℃，全年日照时数为 2405～2685h，年辐射量为 579～604kcal/cm^2，每年 12 月至次年 2 月为冻结期，最大冻土厚度为 120cm，为非永久性冻土。年降水量为 206～250mm，年平均蒸发量为 2033mm，大气降水多集中在 5～8 月，夏季山区大气降雨常以短暂性的暴雨形式降落，很快形成地表径流。盛行西北风、西风和东北风。

（二）水文

1. 南疆兵团水文概况

南疆兵团境内河流均属塔里木河水系，有塔里木河、叶尔羌河、阿克苏河、和田河、喀什噶尔河、开都河、孔雀河等主要河流，以及博斯腾湖、小海子水库等。第一师，境内有塔里木河、阿克苏河、多浪河、叶尔羌河、台兰河、和田河及喀拉玉尔滚河，胜利水库、上游水库、多浪水库等，水域总面积为 294.1km^2，总库容为 5.27 亿 m^3；第二师，水源主要来自开都河、孔雀河、塔里木河和博斯腾湖，建有恰拉水库、大西海水库一库、大西海水库二库，总库容为 3.21 亿 m^3；第三师，有叶尔羌河、克孜勒牙河、库山河、依格孜牙河、吐曼河、提孜那甫河、乌鲁克河、柯克亚河、棋盘，以及突来买提河、克列根河和小海子水库等；第十四师，境内主要有伙什塔克河、桑株河、喀拉喀什河、奴尔河等。

塔里木河，是中国第一大内陆河，由发源于天山的阿克苏河和发源于喀喇昆仑山的叶尔羌河、和田河汇流而成，开都河—孔雀河可通过库尔勒塔里木干渠向塔里木河下游送水。塔里木河包括孔雀河、迪那河、渭干河、库车河、喀什噶尔河、叶尔羌河、和田河、克里雅河、车尔臣河（且末河）等九大支流水系，最后流入台特马湖，流域面积为 25.86 万 km^2。从叶尔羌河河源算起至台特玛湖，河流全长 2437km，其中干流长 1321km，多年平均径流量为 256.7 亿 m^3。

叶尔羌河，发源于喀喇昆仑山诸山脉，河流全长 1078km，流域面积为 9.37 万 km^2，总落差为 3294m，多年平均径流量为 64.5 亿 m^3，年平均流量为 205m^3/s，最大洪峰流量为 6270m^3/s（1961 年 9 月 4 日），最小枯水流量为 30.7m^3/s（1979 年 1 月 30 日）。

阿克苏河，发源于天山西段南坡吉尔吉斯斯坦境内，上游有两大支流。北支昆马力克河长 293km，中国境内长 144km，河床平均坡降 5.8‰，落差 639m，流域面积 12816km²，中国境内流域面积 4500km²；西支为托什干河，流程长 457km，中国境内长 344km，落差 1705m，河床平均坡降 5‰，流域面积 19166km²，中国境内 16300km²。据 1978 年阿拉尔水文站资料，阿克苏河流入塔里木河的水量为每年 37.85 亿 m³，占塔里木河总水量的 76% 以上。

和田河，发源于喀喇昆仑山北麓，有两条支流。东支为玉龙喀什河（伊里奇河），长 630km，天然落差 3380m，集水面积 14575km²，多年平均径流量 23.1 亿 m³，平均流量 67m³/s；西支为喀拉喀什河（又称墨玉河），长 808km，天然落差 4001m，集水面积 22153km²，年径流量 22 亿 m³，多年平均流量 60.5m³/s。两河汇合后称和田河，流经塔克拉玛干西部沙漠，最后注入塔里木河，主流长 319km。

喀什噶尔河，干流克孜河发源于天山西端吉尔吉斯斯坦特拉普齐亚峰（列宁峰）东麓和帕米尔高原的丛山峻岭中。由西向东流入新疆，经乌恰、阿图什、疏附、疏勒、伽师、巴楚 6 县和喀什市，于巴楚以东汇入叶尔羌河，河道长 555km。主要支流有盖孜河、库山河、恰克马克河和布古孜河等。喀什噶尔河流域总面积 53754km²，其中山区集水面积 33578km²，落差 3200m，河道坡降 1.5‰～12‰，全流域年径流量 41.36 亿 m³。

开都河，发源于天山中部的萨尔明山，上游穿过大、小尤勒都斯盆地，中游流经 160km 峡谷段，到拜尔基以下 20km 出山口，进入焉耆平原，向东流约 200km，河道弯曲，水流平缓，在宝浪苏木分东西两支，注入博斯腾湖和小湖群。开都河全长 420km，天然落差 1867m，流域面积 24546km²，多年平均流量 112m³/s，年径流量 33.80 亿 m³。

孔雀河，发源于博斯腾湖，经小湖苇塘流至塔什店，南折进入天山支脉库鲁山峡谷，过铁门关后到达库尔勒平原，横贯库尔勒市区，到包头湖又转向东南，经普惠与塔里木河北支汇合后，向东流约 500km 注入罗布泊，全长 785km。据 1954～1980 年水文资料统计，孔雀河年径最大流量 21.99 亿 m³（1959 年），最小流量 8.064 亿 m³（1968 年），多年平均流量 11.55 亿 m³。20 世纪 50 年代，河水正常流量约 40m³/s，之后由于湖水位下降，出湖水量逐年减少。

博斯腾湖，是中国最大的内陆淡水湖，位于焉耆盆地内，集水面积 2.7 万 km²，水域面积最高达 1646km²，2014 年湖面面积 800km²。博斯腾湖水源主要来自开都河，由孔雀河流出。1958～2009 年，每年入湖总水量为 14.23 亿 m³。

小海子水库，建于 1984 年，实际库容为 3.5362 亿 m³。

2. 托云牧场水文

托云牧场一连驻地位于苏约克河左岸，区内主要水系为苏约克河及两岸支沟。苏约克河为恰克玛克河右岸一级支流。恰克玛克河发源于中国和吉尔吉斯斯坦边境天山南脉海拔 4758.8m 的阿克厘山，河流全长 162km，由河源到出山口长约 140km。该河从北向南贯穿乌恰县境东部，从东南方向流入阿图什境内。恰克玛克河的河源有少量的冰川和雪山分布，有较为稳定的水量补给，成为该河的基本径流，但主要还是靠山区降水及地下水补给。3～6 月主要是融雪和地下水补给，7～9 月主要由降雨补给，10 月至次年 3 月由地下水补给。恰克玛克河及其支流集水面积为 3800km²，其中海拔 2500m 以上的高山、中山区面积 3000km²，该区产生的径流量占总径流量的 85%，年平均径流量为 1.596 亿 m³，年最小径流量为 0.58 亿 m³，年最大径流量为 1.708 亿 m³，变差系数为 0.36，河流量年内变化大，多年平均月径流量最小值与最大值相差 4.5 倍。洪讯期一般始于 4 月中旬，终于 9 月底。最大流量为 73.3m³/s，最小流量为 1.1m³/s。

托云牧场二连驻地位于铁列克河右岸，区内主要水系为铁列克河及支流瑟尔门河。铁列克河属独立水系，发源于中国和吉尔吉斯斯坦边境天山南脉。

3. 叶城二牧场水文

叶城二牧场区内主要分布有叶尔羌河、提孜那甫河、乌鲁克乌斯塘河、哈拉斯坦河、卡尔瓦斯曼河、巴希雀普河、棋盘河、柯克亚河、阿克其河等，多年平均径流量 75.20 亿 m³/a。境内河流均发源于昆仑山北坡，接受冰雪融水、大气降水和基岩裂隙泉水的补给，由南向北纵贯全区。河水流量全年极不平衡，丰水期 6～8 月占全年径流总量的 60%～70%，易发生洪水灾害，引发崩塌、滑坡、泥石流等地质灾害，枯水期 4～5 月。

4. 一牧场水文

一牧场范围内涉及的主要河流为策勒河、乌鲁克萨依河、奴尔河、喀拉苏河。河流均发源于昆仑山北麓，接受冰雪融水、季节降雨和基岩裂隙水补给，属混合补给型河流。每年的 5～10 月为丰水期，此期又以 6～9 月水量最大，占全年径流量的 60% 以上，易发生洪水灾害，引发崩塌、泥石流等地质灾害，枯水期为 12 月至次年 3 月。奴尔河、策勒河集水面积较大，年径流量在 1 亿 m³ 以上，其余各河水量均很小，出山口不久就渗漏殆尽。

二、地形地貌

(一) 南疆兵团地貌概况

南疆地处第一、二阶梯的过渡地带，青藏高原以北、帕米尔高原以东，昆仑山脉与天山山脉之间，包括塔里木盆地及其周边山区。最低处是位于塔里木盆地的罗布泊，海拔 780m，最高峰是位于西南边缘的乔戈里峰，海拔 8611m，相对高程达 7800m。

南疆地区，按地貌形态分为极高山、高山、中山、低山、丘陵、平原、沙漠（固定沙丘、流动沙丘）等，按地貌成因类型分为构造冰川作用、构造冰碛作用、构造侵蚀作用、构造剥蚀作用、侵蚀-剥蚀作用、冲积作用、冲洪积作用、冲湖积作用等（图 1.3）。

兵团第一师各农牧团场分布在阿克苏河、塔里木河冲洪积平原上；兵团第二师各农牧团场分布在天山山间盆地、塔里木盆地的东部、阿尔金山山间谷地和天山、阿尔金山的山前冲积、洪积平原及孔雀河三角洲地带，铁门关市位于冲积平原上，21～27 团、223 团驻地位于焉耆盆地内，28～30 团驻地位于天山山前冲积、洪积平原上，31～35 团驻地位于孔雀河三角洲地带，36 团驻地位于阿尔金山山前冲积平原上；兵团第三师各农牧团场位于帕米尔高原东部山前，主要沿喀什噶尔河及其支流沿线分布；兵团第十四师各农牧团场位于昆仑山脉北麓山前冲洪积扇上。

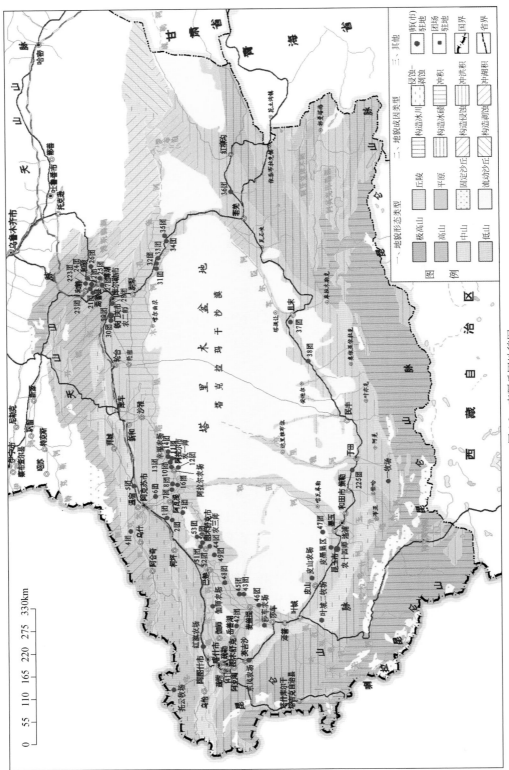

图 1.3 南疆兵团地貌图

（二）托云牧场地形地貌

1. 地形特征

托云牧场地势东南低，西北、西南高，群山环绕，属典型的山地地形。北接南天山山脉西端，南靠帕米尔高原、昆仑山北麓，位于喀什三角洲以西地段的楔形地带，为中、新生界褶皱山地。其中托云牧场一连海拔 2900~3600m，二连海拔 2500~3500m（图 1.4、图 1.5）。

2. 地貌特征

根据托云牧场的地貌特征，按构造作用和成因划分为以下两种类型（图 1.6~图 1.9）。

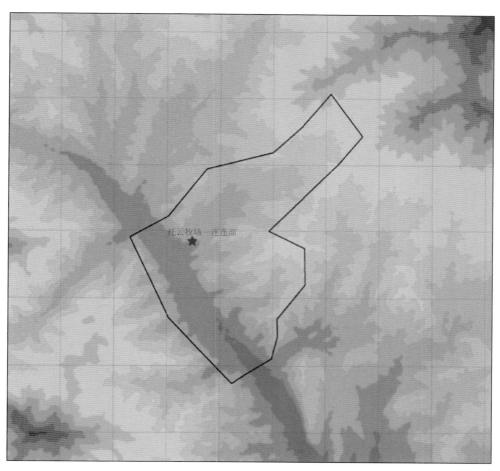

图 1.4 托云牧场一连地势图

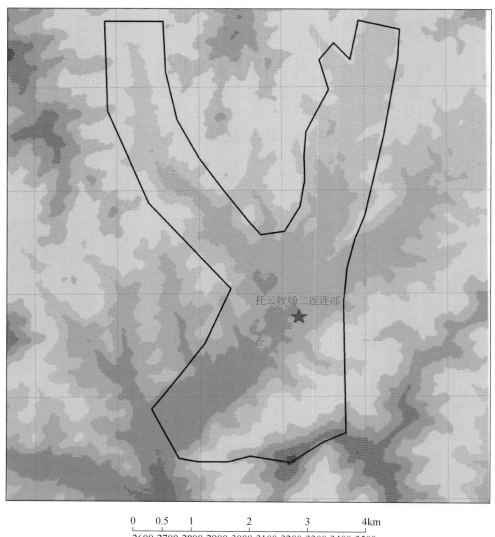

图 例　　——托云牧场二连调查区范围

图 1.5　托云牧场二连地势图

（1）河谷堆积地貌（Ⅰ）

河谷平原分布于苏约克河、铁列克河及其支流两岸，由河水搬运堆积而成，形态上以漫滩阶地出现。区内主要为全新统堆积物形成的漫滩及一级阶地，阶面平整，阶坎清晰，阶面多碎石，一般向河床方向微倾。

（2）剥蚀构造中、高山区（Ⅱ）

该区为典型的剥蚀构造地形，山顶浑圆状，区内海拔 2900～4100m，相对高差 200～1000m。少见常年积雪，有的山坡碎石覆盖，有的基岩裸露，局部沟谷流水侵蚀作用强烈，"V"型谷发育。崩塌和泥石流较发育，时有堵塞河道，阻碍交通现象。

图1.6 托云牧场一连驻地照片   图1.7 托云牧场二连驻地照片

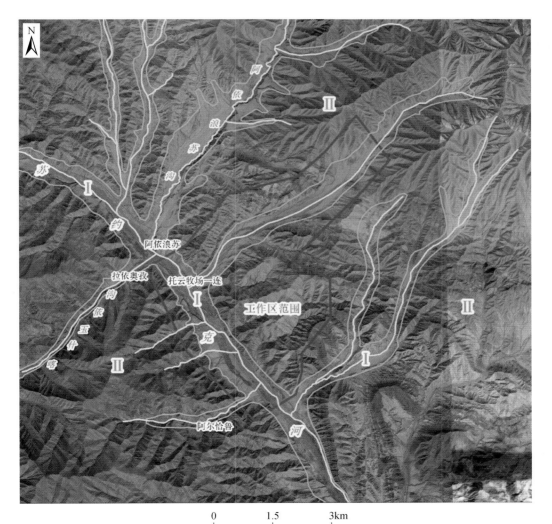

图 例 Ⅰ.河谷堆积地貌 Ⅱ.剥蚀构造中、高山区 ———— 水系

图1.8 托云牧场一连地貌图

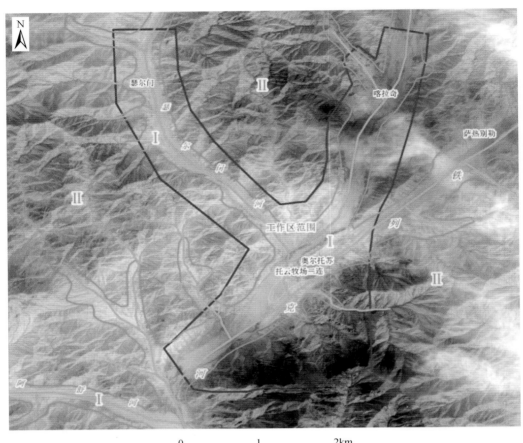

图　例　Ⅰ.河谷堆积地貌　　Ⅱ.剥蚀构造中、高山区　　———　水系

图1.9　托云牧场二连地貌图

（三）叶城二牧场地形地貌

叶城二牧场位于昆仑山区腹地，山地北坡面向塔里木盆地，高低悬殊，山势高峻雄伟，峡谷深切，多数坡面基岩裸露，裂隙发育，山坡荒漠干燥，植被稀少。

根据区内地貌成因及形态特征划分为以下两种类型。

1. 侵蚀剥蚀构造山地

（1）侵蚀剥蚀中山区

侵蚀剥蚀中山区主要位于叶城二牧场三连连部及二连、三连草场区域，海拔3000～4500m，区内峰谷相间，部分山顶积雪终年不化，山体陡峻，沟谷交错，相对高差800～1000m，表层黄土层发育，在山的阴坡、半阴坡生长着雪岭云杉，是水源涵养的重要场所，也是野生动物繁衍生息之地；在阳坡林地上发育着亚高山草甸，是良好的四季牧场。

（2）剥蚀低山丘陵

剥蚀低山丘陵位于叶城二牧场二连连部及连部周边草场部分区域，海拔为2000~3000m，表层黄土层发育，以干燥剥蚀作用为主，山体平缓浑圆，受提孜那甫河、棋盘河、柯克亚河、卡尔瓦斯曼河、阿克齐河等冲刷切割，沟谷发育，切割深度为200~300m，相对高度130~200m。发育有荒漠干旱植被，生长低矮且稀疏。

2. 堆积平原

堆积平原位于叶城县城以南二牧场行政区北部，在低山丘陵区前缘一带，二牧场场部、一连、四连、五连、六连连部所处区域，海拔为1500~2000m，由河流堆积作用形成冲洪积扇。地表沉积物由上更新统卵砾石、砂砾石、砂质黏土组成。南高北低，呈微斜状，水系呈片流或散流状，坡度从南向北由约10‰逐渐降至约1‰。该区域土地较肥沃，植被沿现代河床滩地发育，为人类活动密集区。

（四）一牧场地形地貌

一牧场位于昆仑山至塔克拉玛干沙漠之间的广大地带，南部为巍巍昆仑山，北部为广漠的塔克拉玛干大沙漠，总的地势自南向北倾斜（图1.10）。南部高山区地形起伏，群峰连绵，山脊由南向北缓倾，沟谷发育，多数坡面裸露基岩，基岩裂隙发育，山坡荒漠干燥，植被稀少；中部平原区地形平坦，开阔宽广，土肥物丰，是农业生产的主要活动区；中北部由于地下水位埋藏浅，加之地表蒸发强烈，土壤盐渍化分布面积较广；北部为塔克拉玛干大沙漠，分布面积大，多为流动或半流动沙丘；生长着大面积的原始胡杨林、红柳。一牧场可划分为侵蚀剥蚀构造山地、堆积平原两个地貌类型。

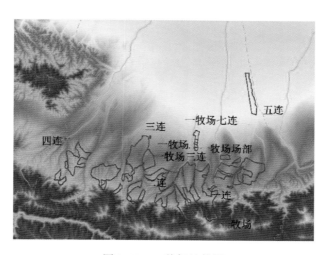

图1.10 一牧场地势图

1. 侵蚀剥蚀构造山地

（1）侵蚀剥蚀中山

侵蚀剥蚀中山位于一牧场的乌鲁克萨依乡、奴尔乡、博斯坦乡、恰哈乡以南一带（一牧场一连受精站、二连引水工程、亚门景区、四连受精站位于该区域），海拔为 3000～4500m，区内峰谷相间，部分山顶积雪终年不化，山体陡峻，沟谷交错，相对高差为 500～800m。表层黄土层发育，是良好的四季牧场。

（2）剥蚀低山丘陵

位于一牧场中山区以北（一牧场四连连部及各连队夏牧场所处区域），地势跌降，海拔为 2000～3000m，以构造剥蚀作用为主，山体平缓浑圆，沟谷发育，切割深度为 200～300m，相对高度为 130～200m。发育有荒漠干旱植被，植被覆盖率小于 20 %。

2. 堆积平原

堆积平原位于策勒县城以南一牧场辖区北部，在低山丘陵区前缘一带（一牧场场部及五连所处区域），海拔为 1500～2000m，由各河流堆积作用形成冲洪积扇。地表沉积物由上更新统卵砾石、砂砾石、砂质黏土组成。南高北低，呈微斜状，水系呈片流或散流状，坡度从南向北由约 10‰ 逐渐降至约 1‰。该区域土地较肥沃，植被沿现代河床滩地发育。

第三节　　地质环境条件

一、地质构造与地震

（一）南疆兵团地质构造与地震概况

1. 地质构造

南疆地区构造上分属昆仑山纬向构造体系、天山纬向构造体系、帕米尔反 "S" 形构造体系、阿尔金昆仑山弧形构造体系和夹在其间的塔里木地块（康玉柱，2009）。

（1）昆仑山纬向构造体系

昆仑山纬向构造体系属昆仑-秦岭纬向构造体系的一部分，主要由近东西走向的复式褶皱和压性断裂等构造形迹与晚古生代、中生代的中酸性侵入岩带、岩体所组成。东段主体是阿尔格尔山、布尔汗布达山复式背斜，断裂大都平行成束出现，纵向上一般不连续，断面北倾，推覆逆掩，南盘向西、北盘向东平移错动，断裂带上串珠状分布古生代晚期超基性岩、基性岩；西段主体位于铁克里克北缘断裂与康西瓦断裂带之间，北抵叶城拗陷边缘，依次包括铁克里克隆起带、公格尔、慕士塔格、桑株塔格隆起带和海西海槽褶皱带（刘栋梁等，2011）。南疆地区位于昆仑山纬向构造体系北侧，第十四师各农牧团场位于该构造体系内。

（2）天山纬向构造体系

天山纬向构造体系主要由中天山复背斜和南天山复背斜及其相平行的断裂带组成，伴生发育北东、北西两组扭性断裂，中天山复背斜对天山地区的地质构造的发展起着骨架作用。基底由一套前寒武系变质岩系构成，寒武纪—志留纪发育正常碎屑岩相和碳酸岩相沉积，偶夹火山凝灰岩层；泥盆纪以碎屑岩、碳酸盐类沉积为主；石炭纪以海滨−浅海相碎屑岩为特征；二叠纪以海相火山岩类为特征；酸性及基性岩广泛发育；区域变质作用和混合岩化作用亦较明显。南疆地区位于天山纬向构造体系南侧，第一师、第二师及第三师部分农牧团场位于该构造体系内。

（3）帕米尔反"S"形构造体系

帕米尔反"S"形构造体系位于塔里木盆地西南缘，由绕帕米尔高原到喜马拉雅山一带的许多褶皱带及压性、压扭性断裂带组成。该构造带古生代属于西域系，中新生代以来帕米尔反"S"形利用、改造了原构造体系，是多体系负向复合的产物。南疆地区位于帕米尔反"S"形构造体系北东侧，第三师西部农牧团场位于该构造体系内。

（4）阿尔金昆仑山弧形构造体系

阿尔金昆仑山弧形构造体系是东西向构造带受后期经向应力改造而来的，该弧形构造在策勒、于田以南一带弧顶向南凸出，两翼不对称，西翼从弧顶向西北，由北西转为北北西向，东翼由北东转为北东东向。弧型带内前寒武纪和古生代地层所构成的褶皱呈线状排列，褶皱和断裂均具有明显的挤压性质。该弧形构造的东翼阿尔金地带与祁吕贺山字形构造复合构成它的反射弧，其他部分分别与康藏歹字形和帕米尔歹字形复合。第四纪以来在于田以南弧顶部位有玄武岩流溢出，近现代仍有火山喷发，表明该弧形构造现代仍处于活动状态。南疆地区位于阿尔金昆仑山弧形构造体系北西侧，仅第二师 36 团场位于该构造体系内。

（5）塔里木地块

塔里木地块表现为一菱形盆地，是一个以震旦系和前震旦系为基底的地台。除局部地方出露元古宙和古生代地层外，几乎全部为中、新生代沉积物覆盖，该地块从元古宙以来长期处于较稳定状态，由于受到来自欧亚山字形构造东翼的作用力，这一带的断裂具有平移和逆冲的特点。南疆兵团大部分农牧团场位于塔里木地块边缘地带。

2. 地震

南疆地区北部属南天山地震带，南部、西部属塔里木南缘地震带（图 1.11）。

南天山地震带位于天山南部与塔里木盆地的交界处，以山前逆冲推覆构造带为特点，强震多发生在盆地边缘及山前地带，它是整个天山地震构造中现今构造活动最为强烈的地震构造区，主要受喀什−乌恰地震构造带、柯坪推覆构造带、库车推覆构造带及库尔勒以北的天山东段北轮台断裂和兴地断裂带等影响（陈杰等，2011；Xu et al.，2011）。该地震带地震活动频繁且强烈，尤以西端最甚。区内（中国境内）近 200 年来大于或等于 6 级的地震达 48 次，其中 6.0 ~ 6.9 级地震 38 次，7.0 ~ 7.9 级地震 9 次，大于或等于 8.0 级地震 1 次（杨章等，1985）。1908 年阿图什发生 8.2 级地震，申报记载"民屋坍倒，城镇毁伤，灾区甚广，人民之被压而死者约千余名，附近亚士颠村压毙四百人，吕宜林死二十人。"

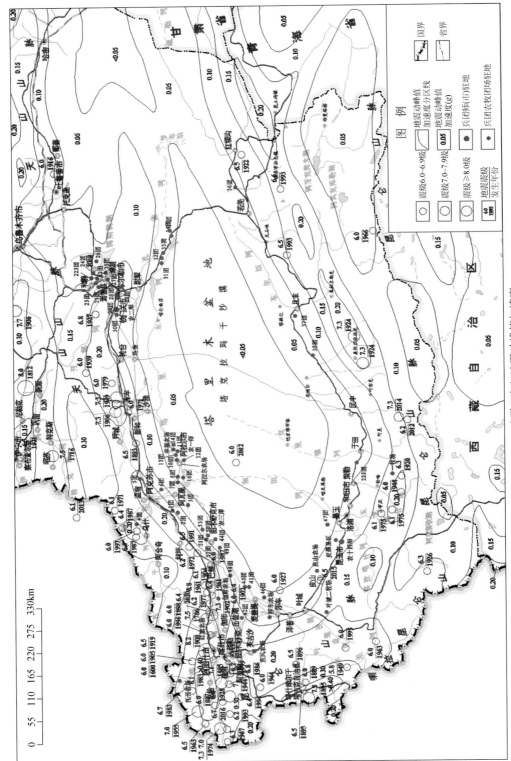

图 1.11 地震分布与地震动峰值加速度

　　塔里木南缘地震带属中昆仑–阿尔金地震构造区，地震活动性较强，区内（中国境内）近 200 年来大于或等于 6 级的地震达 22 次，其中 6.0 ~ 6.9 级地震 18 次，7.0 ~ 7.9 级地震 4 次（李海兵等，2006）。西端塔什库尔干塔吉克斯坦自治县 1893 年发生的 7.5 级地震是区内记录最强的地震。

　　根据《中国地震动参数区划图》（GB 18306—2015），南疆地区地震动峰值加速度从小于 0.05g 至大于 0.40g，兵团驻地为 0.05 ~ 0.30g；南疆地区地震动反应谱周期为 0.35 ~ 0.45s，兵团驻地为 0.40 ~ 0.45s。第一师区域内地震动峰值加速度为 0.05 ~ 0.20g，师部及大部分团场为 0.05g，1 团、4 团、5 团为 0.20g；第二师区域内地震动峰值加速度为 0.05 ~ 0.20g，仅 28 团为 0.2g；第三师区域内地震动峰值加速度较高，为 0.10 ~ 0.3g，大部分团场为 0.15g，托云牧场、红旗农场为 3.0g；第十四师区域内地震动峰值加速度为 0.05 ~ 0.15g。

（二）托云牧场地质构造与地震

　　托云牧场一连驻地构造上位于南天山古生代边缘海区，早古生代早期，作为塔里木古陆及其边缘，沉积了震旦系和寒武系的稳定型沉积，其中震旦系冰碛岩和下寒武统硅质含磷建造与扬子古陆陆缘所发育者十分相似。托云牧场二连驻地构造上位于迈丹套晚古生代陆缘盆地区，由一套石炭系陆源碎屑和复理石建造组成，为柯坪地块北缘的陆缘盆地，具残留海盆或前陆盆地的性质。

　　区内断裂构造非常发育，大致可分为三组断裂（图 1.12）。

　　1）近东西向的有阿克赛巴什山断裂、阿依喀尔特断裂、卡兹克阿尔特大断裂、木巴加特断裂、苏鲁切列克断裂、喀拉塔什断裂、艾达尔别克山断裂、塔什齐托断裂等。

　　2）北北东—北东向的有伊尔克什坦木断裂、纳格拉卡勒断裂、阿雷克托雷克断裂、萨雷埃格尔盖断裂等。

　　3）北西向的有切列克苏断裂、苏约克断裂、乌恰断裂、库孜贡苏断裂、卡拉别克切尔断裂、阿孜干断裂等。

　　托云牧场位于南天山地震带内，地震活动性极强，附近 6.0 级以上地震达数十次。托云牧场地震动峰值加速度 0.30g，地震动反应谱特征周期 0.45s。

（三）一牧场及叶城二牧场地质构造与地震

1. 地质构造

　　一牧场和叶城二牧场跨越卡拉库姆–塔里木陆块区（Ⅱ）和秦祁昆造山系（Ⅲ）两个一级构造单元，涉及塔里木中央地块、塔里木南缘隆起、奥依且克–塔其木岛弧–库地–祁曼于特蛇绿混杂岩带、柳什塔拉岛弧、康西瓦–苏巴什蛇绿混杂岩带（表 1.1，图 1.13）。

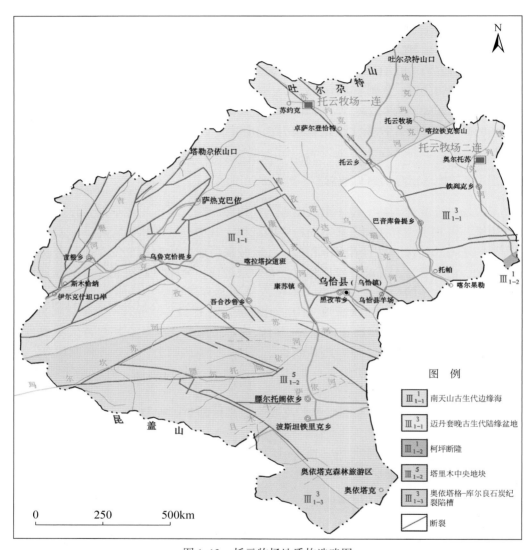

图 1.12 托云牧场地质构造略图

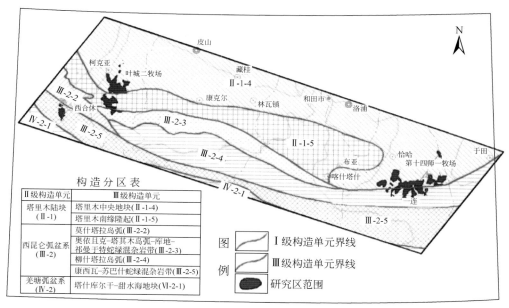

图 1.13　一牧场和叶城二牧场大地构造分区图

表 1.1　一牧场和叶城二牧场构造单元划分表

Ⅰ级构造单元	Ⅱ级构造单元	Ⅲ级构造单元
卡拉库姆–塔里木陆块区（Ⅱ）	塔里木陆块（Ⅱ-1）	塔里木中央地块（Ⅱ-1-4）
		塔里木南缘隆起（Ⅱ-1-5）
秦祁昆造山系（Ⅲ）	西昆仑弧盆系（Ⅲ-2）	奥依且克–塔其木岛弧–库地–祁曼于特蛇绿混杂岩带（Ⅲ-2-3）
		柳什塔拉岛弧（Ⅲ-2-4）
		康西瓦–苏巴什蛇绿混杂岩带（Ⅲ-2-5）

　　塔里木陆块（Ⅱ-1），涉及塔里木中央地块（Ⅱ-1-4）和塔里木南缘隆起（Ⅱ-1-5）两个三级构造单元。塔里木中央地块地表被第四系所覆盖，一牧场北部大部区域和二牧场场部、一连、四连、六连、二连草场北部区域均位于此地块内。塔里木南缘隆起包括铁克里克陆缘地块一个四级构造单元，二牧场二连位于此地块内。铁克里克陆缘地块为前寒武纪基底出露区，古元古界下部喀拉喀什群为角闪岩相陆源碎屑岩–双峰式火山岩建造，上部埃连卡特群由各种片岩夹大理岩组成，长城系塞拉加兹群由细碧角斑岩建造，平行不整合其上的有蓟县系碳酸盐岩、青白口系硅泥质岩；盖层有震旦系冰碛岩，中泥盆统碳酸盐岩，上泥盆统陆相下磨拉石，侵入岩极不发育，变质程度元古界为角闪岩–绿片岩相，区域动力热流变质。古生界不变质，构造活动不强烈，古元古界褶皱紧闭，断裂发育，中—新元古界多为长轴状平缓褶皱，断裂多为走向断裂，以山前多有向塔里木盆地逆冲的推覆构造为特征。

　　西昆仑弧盆系（Ⅲ-2），主要由奥依且克–塔其木岛弧–库地–祁曼于特蛇绿混杂岩带（Ⅲ-2-3）、柳什塔格岛弧（Ⅲ-2-4）、康西瓦–苏巴什蛇绿混杂岩带（Ⅲ-2-5）3个三级构造单元组成。二牧场二连南部部分草场、二牧场三连，以及一牧场一连、二连、三连南部草场位于此地块内。地块内构造变形十分强烈，褶皱紧闭，断裂发育。奥依且克–塔其木岛弧–库地–祁曼于特蛇绿混杂岩带在区内出露较少，分布于二牧场二连南部小部区域，下古生代正常碎屑岩夹低变质岩建造或正长碎屑岩夹灰岩建造，其间断层接触。柳什塔格岛弧仅在一牧场南部小部出露，中元古代黑云石英片岩夹石英岩建造。康西瓦–苏巴什蛇绿混杂岩带分布于二牧场三连，由中元古界双峰式火山岩类复理石和碳酸盐岩及上古生界正长碎屑岩夹灰岩建造，其间断层接触。

　　区内构造活动所经历的演变过程，不但具有长期性、复杂性，而且具有阶段性和继承性。从整体上看，是在近东西向构造的基础上，又有南东、北西向构造所叠加的综合构造体系，区内多为压性、压扭性断裂，而较大规模的断裂则是在海西期形成的基底断裂的反应。叶城二牧场主要位于铁克里克断裂和柯岗断裂交会部位，断裂较发育（图1.14）。

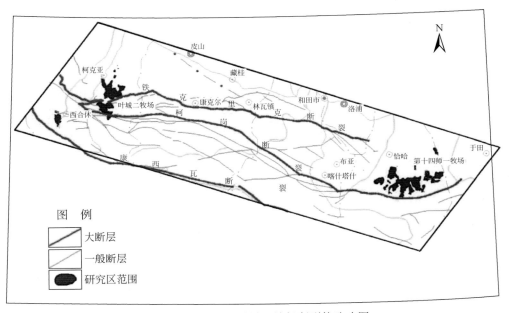

图1.14　一牧场和叶城二牧场断裂构造略图

　　铁克里克断裂，深达地壳，压性，活动时间为元古宙和古生代。系西昆仑山前中生代地层和新生代地层间具有强烈韧性剪切应变和脆性应变特征的一系列逆冲断裂统归为西昆仑北冲断裂，它实际上是由一系列相对密集、近于平行排列的逆冲型韧性剪切带和脆–韧性逆冲断裂共同组成的大型构造变形带，其主体位于元古宙和显生宙之间，称之为西昆仑山前逆冲断裂。该断裂西端起自我国境内的昆盖山，往东经奥依塔格、柯岗、杜瓦、阿其克至库牙克，在阿尔金山前的且末等地仍可见其踪迹。断裂东、西两端明显被阿尔金左行走滑断裂和喀喇昆仑右行走滑断裂错断。该断裂发生在新元古代末期，经历了漫长的地质时期，一直处于活动状态。断裂属于高角度大型逆断层，两侧伴生有大小不等的多条延伸不长的羽状断裂。断层面绝大部分南倾，有时北倾，呈舒缓波状，倾角为65°～85°。

　　柯岗断裂，该断裂带作为铁克里克陆缘隆起库尔良晚古生代陆缘裂陷盆地的分界断裂，长达 250km。总体呈近东西向展布，断裂面北倾，倾角 70°以上，为一高角度逆冲断层。断裂北盘为古元古界上部的绿片岩相，南盘与中—上石炭统的碎屑岩–灰岩建造接触。沿断裂两侧，岩石破碎明显，破碎带宽达 100~1000m。断裂西端被北北西向的克孜勒陶–库斯拉普岩石圈断裂所截。

康西瓦断裂，该断裂是西昆仑弧盆系和羌塘地块两个构造单元的分界线。它西起自我国境外，从乌孜别里山口进入我国境内，呈南东向经公格尔山之西、库地南，转为近东西向至康西瓦、慕士山南，最终交汇于库牙克断裂，总体呈反"S"形弧形展布，断裂面向北倾，倾角较陡，倾角一般为 70°~80°，具压扭、逆冲性质。对两侧沉积建造、岩浆活动及变质作用有明显的控制作用。

2. 新构造运动与地震

昆仑山系是在经历了地质历史的各期构造运动之后，最终形成于海西期。山脉最高峰即由海西期岩浆岩构成，在此之后的燕山运动、喜马拉雅运动中，山峰进一步剧烈上升，昆仑山北麓的塔里木沉降带则相对下降。在这种强烈的上升与下降运动中，山体再次遭受巨大外营力的剥蚀改造，大量的碎屑物质倾斜到北部较低地区。综上所述，区内新构造运动表现为强烈的升降运动，并具有对老构造的继承性，空间上差异性及时间上间歇性的特点。在 315 国道以北，第四系全新统沉积区地形较平坦，全新统堆积物保存较完整。这表明第四纪全新世以来，地壳相对较稳定，新构造运动相对较弱。

研究区位于塔里木南缘地震带内，附近地震一般小于 7.0 级，地震动峰值加速度为 0.15~0.20g，地震动反应谱特征周期为 0.35~0.40s。

叶城二牧场二连南部草场及三连、一牧场四连位于中山区，二牧场二连连部及部分草场、一牧场一连受精站、四连位于低山丘陵区，地质条件较为复杂，其余地段均为平原区，地质条件简单。根据区域地壳稳定性分区和判别指标（表 1.2），研究区地壳稳定性属于基本稳定–次不稳定区。区内断裂、地震活动对建筑物及山体产生形变、破坏，重要工程应避开活动断裂带。工程建设需采取抗震措施，确保建筑物的安全。

表 1.2　区域地壳稳定性分区和判别指标一览表

稳定性分级	地壳结构	新生代地壳变形、火山、地热	叠加断裂角(α)	布格异常梯度值(B_s)/(10^{-5}ms^2·km^2)	最大震级(M)	地震基本烈度	地震动峰值加速度/g	工程建设条件
稳定区	块状结构，缺乏深断裂或仅有基底断裂，地壳完整性好	缺乏第四纪断裂，大面积上升，第四纪地壳沉降速率小于 0.1mm/a，缺乏第四纪火山	0°~10°、71°~90°	比较均匀变化，缺乏梯度带	<5.5	≤Ⅵ	0.05~0.1	良好
基本稳定区	镶嵌结构，深断裂断续分布，间距大，地壳较完整	存在第四纪断裂，断裂长度不大，第四纪地壳沉降速率 0.1~0.4mm/a，缺乏第四纪火山	11°~24°、51°~70°	地段性异常梯度带，B_s=0.5~2.0	5.5~6.0	Ⅶ	0.1~0.20	适宜但需抗震设计

续表

稳定性分级	地壳结构	新生代地壳变形、火山、地热	叠加断裂角(α)	布格异常梯度值(B_s)/($10^{-5}ms^2 \cdot km^2$)	最大震级(M)	地震基本烈度	地震动峰值加速度/g	工程建设条件
次不稳定区	块状结构，深断裂成带出现，长度大于百千米，地块呈条形、菱形、地壳破碎	发育晚更新世和全新世以来活动断裂，延伸长度大于百千米，存在近代活动断裂引起的M>6级地震，第四纪地壳沉降速率大于0.4mm/a，存在第四纪火山，温泉带	25°~50°	区域性异常梯度带，B_s=2.0~3.0	6.0~7.0	Ⅷ~Ⅸ	0.20~0.4	中等适宜须加强抗震和工程措施
不稳定区	—	—	—	区域性异常梯度带，B_s>3.0	≥7.25	≥X	≥0.4	不适宜

二、地层岩性

（一）南疆兵团地层岩性概况

南疆地区地层发育较齐全，从太古宇到新生界均有出露。根据地层发育不同划分为不同地层区。天山南地层区，位于南疆北、北西边界部位，下古生界零星分布，上古生界分布广泛，厚度大，中—新生界主要为河湖沉积或山麓堆积，第四系中常有冰川堆积；柯坪地层区，北以天山断裂为界，古生界比较完整，碳酸盐岩发育，志留系为碎屑岩；库车地层区，仅出露二叠系和中生界，新生界岩性、岩相变化大，西部受海侵有海相沉积；库鲁克塔格地层区，新元古界、寒武系—奥陶系连续，厚度大，分布广，中—新生界被覆盖；塔北地层区，英买力地区发育奥陶系—二叠系，石炭系缺失，轮台地区白垩系—新生界沉积厚度大，轮台以南缺失中—上侏罗统和上白垩统，新生界厚度为3000~3500m；阿瓦提-满加尔地层区，自震旦纪开始长期沉积，古生界发育，三叠系发育不全，大部分地区缺失侏罗系，新生界发育且厚度巨大，达4000~8000m，下白垩统大于1000m；塔克拉玛干地层区，前寒武系、寒武系—下奥陶统连续沉积，志留系缺失部分地层，上泥盆统—二叠系较发育，中生界除三叠系俄霍布拉克组、克拉玛依组及上白垩统外基本缺失，中生界沉积厚度为1000~2300m；塔南地层区，地层较齐全，古元古界以片岩为主，中—新元古界以千枚岩为主，寒武系—下奥陶统为碳酸盐岩，志留系—泥盆系为滨海碎屑岩，石炭系—下三叠统为浅海-潟湖、三角洲及陆相河湖沉积，侏罗系含煤，下白垩统、渐新统—第四系为陆相红色碎屑岩沉积；铁克里克地层区，前寒武系分布较广，尤以元古宇发育较齐全，零星分布上古生界；塔东地层区，大部分被第四系覆盖，前寒武系以片岩为主，上古生界和中生界部分层位散布于民丰–且末一带，发育新生界红层①②③。

（二）托云牧场地层岩性

区内主要出露第四系河流冲洪积层（Q_4^{al+pl}）、上新统阿图什组（N_2a）、古近系喀什群（EK）、侏罗系叶尔羌群（$J_{1-2}Y$）、石炭系喀拉治尔金组（C_2kl）（图 1.15、图 1.16）。

图　例　········· 不整合地层界线　——— 地层界线　——— 实测性质不明断层　——— 水系

图 1.15　托云牧场一连地质略图

①　河南省地质调察院，2004，1∶25 万克克吐鲁克幅、塔什库尔干塔吉克自治县幅区域地质调查报告。
②　河南省地质调察院，2004，1∶25 万叶城县幅区域地质调查报告。
③　河南省地质调察院，2005，1∶25 万区域地质图（叶城县幅）。

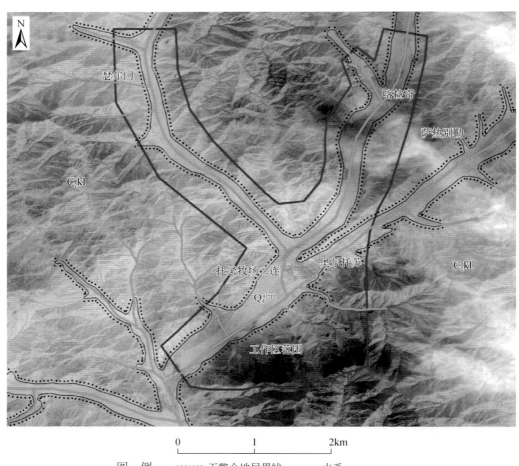

图　例　┄┄┄┄ 不整合地层界线　───── 水系

图 1.16　托云牧场二连地质略图

（1）第四系河流冲洪积层（Q_4^{al+pl}）

Q_4^{al+pl} 主要分布于苏约克河、铁列克河及支沟沟谷内，为河漫滩及两岸 I 级阶地，地形平缓，向河道微倾。岩性以砾石层为主，多呈次棱–次圆状，分选较差。填充物以较小砾石及细砂为主，未固结，表面多覆碎石，水位高出河床 1～2m。砾石层成分复杂，主要有花岗岩、闪长岩、混合岩、玄武岩、砾岩等。砾石含量大于 80%，砾径一般为 5～15cm，大者可达 35cm。

（2）上新统阿图什组（N_2a）

N_2a 分布于托云牧场一连东部，岩性以灰绿色厚层细粒岩屑长石砂岩、褐灰色钙质复成分砾岩为主。

（3）古近系喀什群（EK）

EK 分布于托云牧场一连驻地大部分区域，滑坡、崩塌多发育于该套地层当中，岩性为灰岩、泥岩、砂岩互层，产状总体南倾。

（4）侏罗系叶尔羌群（$J_{1-2}Y$）

$J_{1-2}Y$ 主要分布于托云牧场一连西部，苏约克河右岸。岩性为灰绿色厚层复成分砾岩、灰绿色泥岩，夹黄绿、灰褐色细粒石英砂岩。砾岩中所含砾石成分主要为杂色硅质岩，砾径为 2~15cm，含量约89%，次圆–圆状，分选较好，表面光滑，填隙物为较小砾石及细砂，较大砾石呈透镜状富集，向上方逐渐变细。

（5）石炭系喀拉治尔金组（C_2kl）

C_2kl 分布于托云牧场二连大部分区域，岩性主要为砂岩、粉砂岩、页岩及复矿砂岩，钙质成分较高。

（三）一牧场及叶城二牧场地层岩性

叶城二牧场大部分位于侵蚀剥蚀中山区、低山区，地层岩性相对复杂；一牧场大部分位于低山丘陵区，因此涉及地层岩性比较简单（图1.17、图1.18）。

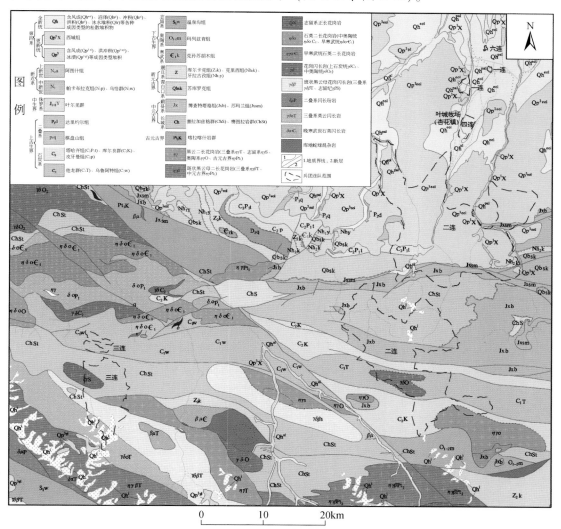

图 1.17 叶城二牧场区域地质图

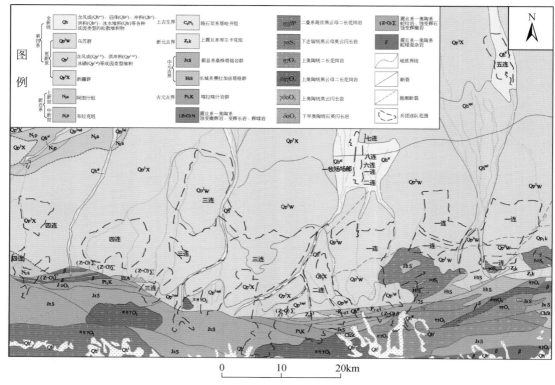

图 1.18　一牧场区域地质图

1. 第四纪、前第四纪地层

研究区内涉及的地层主要有新生界（Kz）、上古生界（Pz₂）、新元古界（Pt₃）、中元古界（Pt₂）（表 1.3）。

表 1.3　一牧场及叶城二牧场地层一览表

界	系（统）	分布岩性及地质特征
新生界（Kz）	全新统（Qh）	主要分布于现代河床和大的冲沟中，岩性为浅灰色的卵砾石。研究区内在一牧场一连、二连、三连、五连、六连、七连、八连，二牧场一连、四连均有分布
	更新统（Qp）	上更新统新疆群（Qp³X）为一套湖相沉积，岩性主要为青灰、黄灰和深灰色的黏土、亚黏土、亚砂土、粉细砂互层。风积层（Qp³ᵉᵒˡ）覆盖在下更新统砾岩之上，除大型河谷切割裸露基底地层外，顶部全部被覆盖，呈浑圆状，一般厚度为 10～30m，颗粒均匀，分选性较好，岩性为粉土，土黄色，具水平或斜交层理。研究区内在一牧场三连小部草场分布；在二牧场二连北东部草场分布
		中更新统乌苏群（Qp²W）洪积层主要分布于铁克里克塔格山前，组成扇形倾斜砾质平原，在河间地块则组成河谷高阶地，岩性为一套厚层浅灰色泥质半胶结的卵砾石。冰碛层主要分布于铁克里克塔格北麓和木斯塔格北坡，地貌上形成起伏不平的丘陵地形或浑圆状小丘，其上由上更新统风成粉土覆盖，岩性为灰黑色分选性、磨圆度极差的巨砾。一牧场一连、二连及三连大部草场分布

续表

界	系（统）	分布岩性及地质特征
新生界 （Kz）	上新统（N₂）	阿图什组（N_2a），主要分布在研究区一牧场四连所处山区一带，为山麓相、湖相沉积，岩性为砂砾岩、砂岩、泥岩、砂质泥灰岩等
上古生界 （Pz₂）	上石炭统 （C₃）	塔哈齐组（C_2P_1t）分布在二牧场二连北部草场小部区域，岩性为一套深灰–灰色中厚层至块状夹薄层状灰岩、灰色白云岩，夹少量褐灰色泥岩、灰绿色砂岩，南部与下青白口系苏库罗克组呈断层接触
	下石炭统 （C₁）	分布在二牧场二连南部小部区域，下石炭统他龙群（C_1T），南北两侧岩性均为上石炭统库尔良群（C_2K），与其呈断层接触。该套地层为正常碎屑岩夹低变质岩建造，主要岩性为上部灰–深灰色含碳质千枚岩夹碳质灰岩，下部灰色变质中–细粒长石石英砂岩、灰–浅灰色绿泥石钠长片岩夹绢云千枚岩
新元古界 （Pt₃）	青白口系 （Qb）	分布于二牧场二连北部草场小部分区域，苏库罗克组（Qbsk），岩性为杂色叠层石硅质岩、白云质硅质岩或含硅质团块白云岩和灰绿色、紫红色粉砂岩、页岩、硅质岩薄互层
中元古界 （Pt₂）	蓟县系（Jx）	博查特塔格组（Jxb），主要分布在二牧场二连部分区域，北部与下青白口系苏库罗克组组呈断层接触，东南部与长城系塞拉加兹塔格群（ChS）呈断层接触。该套地层为大理岩建造夹变质砾岩建造，主要岩性为粗晶灰岩、细晶灰岩、粉晶灰岩夹细晶白云岩、灰质白云岩、绢云母板岩及钙质粉砂岩，夹变质石英砂岩、砂砾岩、砾岩。桑株塔格群岩群（JxS），出露在一牧场三连南部小部草场区域，主要岩性为变质碳酸岩（大理岩）与变质碎屑岩（板岩、石英砂岩）不均匀互层
	长城系（Ch）	主要分布在二牧场二连草场南部部分区域及三连北部区域，长城系赛图拉岩群（ChSt），出露于康西瓦断裂以北，蒙古包–普守蛇绿构造混杂岩带以南的一套中深变质岩，根据出露岩石组合，细化为韵母石英片岩夹二云母片岩，黑云斜长片麻岩建造

2. 侵入岩

研究区内主要是印支期侵入岩和加里东期的侵入岩。印支期侵入岩主要分布于叶城二牧场三连南部天然草场区域，具体有奥陶系花岗闪长岩（$\gamma\delta O$）、三叠系英云闪长岩（$\gamma\delta oT$）、三叠系斑状黑云母花岗闪长岩（$\gamma\delta\beta T$）、三叠系斑状黑云母二长花岗岩（$\eta\gamma\beta T$）；加里东期侵入岩主要分布于第一牧场一连、二连南部天然草场，叶城二牧场三连北部及二连连部附近天然草场区域，具体有下志留统黑云母英云闪长岩（γoS_1）、下奥陶统花岗闪长岩（$\gamma\delta O_1$）、上奥陶统二长花岗岩（$\eta\gamma O_3$）。

三、工程地质特征

（一）托云牧场工程地质特征

1. 工程地质岩组划分

根据岩相建造、岩体结构、强度和岩性划分 5 个工程地质岩组（图 1.19～图 1.22）。

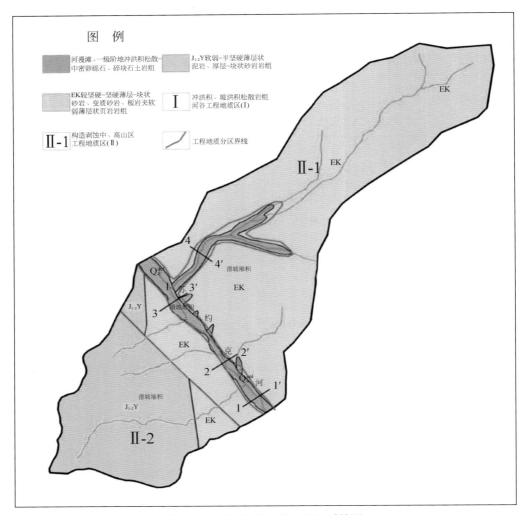

图 1.19　托云牧场一连工程地质简图

（1）第四系松散岩组

A. 河漫滩、一级阶地冲洪积松散-中密卵砾石、碎块石土岩组

分布于苏约克河及铁列克河及支沟沟谷内，主要为现代河流堆积（Q_4^{al+pl}）砂砾卵石层，构成了河漫滩及 I 级阶地。表面有 0.3～3m 的亚黏土或亚砂土，局部夹有细砂或亚砂土透镜体。砂卵砾石的承载力特征值一般为 300～450kPa。

B. 第四系坡洪积堆积松散-中密块碎石土岩组

分布于一连、二连苏约克河及铁列克河及支沟两岸斜坡中下部，碎石粒径一般为 2～10cm，偶见块石，堆积厚 3～20m，松散-中密。

（2）岩体工程地质岩组

A. 软弱-半坚硬薄层状泥岩、厚层-块状砂岩岩组

侏罗系叶尔羌群（$J_{1-2}Y$），分布于一连中部及东北部大部分地区，岩性为棕红、灰黄

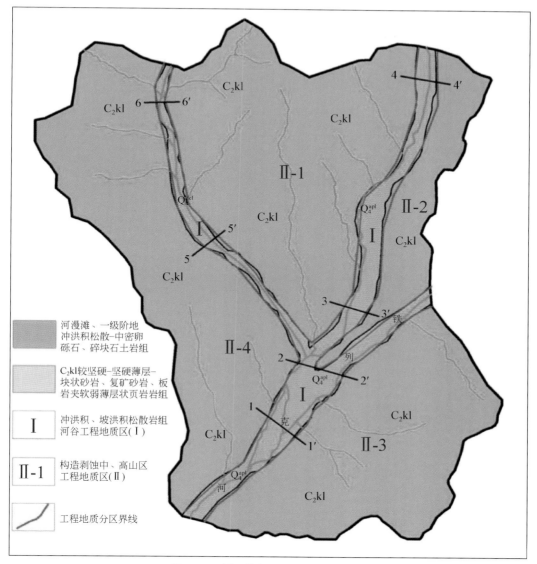

图 1.20 托云牧场二连工程地质简图

和杂色砂岩、砂砾岩、黏土岩、泥岩，局部夹薄层石膏。岩体胶结较疏松，抗风化能力弱，黏土岩、泥岩干后再遇水立即软化和崩解。承载力特征值一般为 200~400kPa，岩石层理发育，如果遇到坡脚开挖或暴雨易产生顺层滑坡。

B. 较坚硬-坚硬薄层-块状砂岩、变质砂岩、板岩夹软弱薄层状页岩岩组

古近系喀什群（EK），岩性为棕红、灰黄和杂色砂岩、变质砂岩、板岩夹薄层状页岩。岩体胶结较疏松，抗风化能力弱，岩石层理发育。承载力特征值一般为300~500kPa。

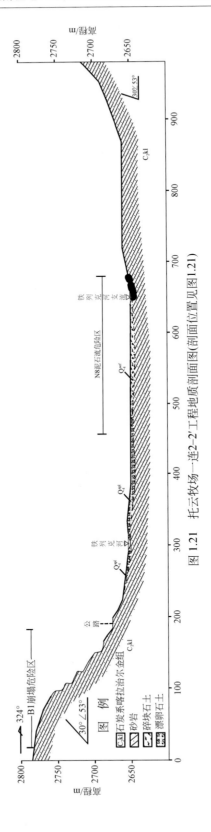

图 1.21 托云牧场—连2-2′工程地质剖面图(剖面位置见图1.21)

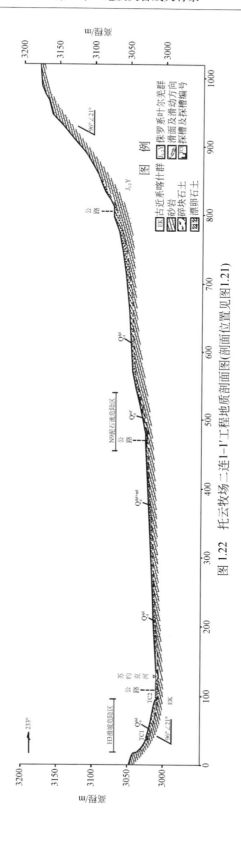

图 1.22　托云牧场二连 1—1'工程地质剖面图(剖面位置见图1.21)

C. 较坚硬-坚硬薄层-块状砂岩、复矿砂岩、板岩夹软弱薄层状页岩岩组

石炭系喀拉治尔金组（C_2kl），主要分布于托云牧场二连周边斜坡区，主要为砂岩、粉砂岩、页岩、片岩、千枚岩。其中片岩、页岩和千枚岩表面风化强烈，易剥落和产生顺层滑坡，时有崩塌现象发生。

2. 工程地质分区

根据地质构造、岩土体类型、地貌、水文地质条件等因素将一连、二连各划分为两个工程地质区。

（1）冲洪积、坡洪积松散岩组河谷工程地质区（Ⅰ）

分布于苏约克河、铁列克河及其支流河谷及河谷岸坡中下部，属河谷堆积地貌，主要为现代河流堆积（Q_4^{al+pl}）砂砾卵石层，以及斜坡中下部坡洪积（Q_4^{dpl}）堆积的碎块石土。该区人类工程活动强度中等。

（2）构造剥蚀中、高山区工程地质区（Ⅱ）

分布于除河谷区外的大部分地区，地貌上属于构造剥蚀中、高山区，海拔为 3000 ~ 4200m，相对高差为 100 ~ 1100m。区内崩塌、泥石流发育，人类工程活动较弱。一连分为两个亚区，其中东北部 Ⅱ-1 亚区主要出露棕红、灰黄和杂色砂岩、变质砂岩、板岩夹薄层状页岩；西南部 Ⅱ-2 亚区主要出露侏罗系叶尔羌群（$J_{1-2}Y$）棕红、灰黄和杂色砂岩、砂砾岩、黏土岩、泥岩。二连分为 4 个亚区，主要出露石炭系喀拉治尔金组（C_2kl）砂岩、粉砂岩、页岩、片岩、千枚岩。

（二）一牧场及叶城二牧场工程地质特征

根据岩土体工程地质特征的不同划分为 3 个工程地质岩组。

1. 坚硬块状岩浆岩岩组

分布于一牧场一连南部草场、二牧场二连南部草场及二牧场三连等局部地区，出露地层为中元古界、新元古界的长城系、蓟县系、青白口系、震旦系，古生界奥陶系、石炭系、二叠系等，岩性为正长花岗岩、块状角闪石英二长花岗岩、黑云母二长花岗岩、黑云母正长花岗岩及花岗闪长岩等，岩石力学强度高，岩体工程地质性质良好。

2. 坚硬中厚层状碳酸盐岩、碎屑岩岩组

分布于昆仑山中南部山区的一牧场三连南部草场区域、二牧场三连及二连南部区域，由一套海相碳酸盐岩、碎屑岩组成，出露地层为中元古界、新元古界的长城系、蓟县系、青白口系、震旦系，古生界奥陶系、志留系、泥盆系、石炭系、二叠系，中生界三叠系、侏罗系、白垩系，岩性为灰岩、硅质岩、白云质硅质岩或含硅质团块白云岩、大理岩、砂岩等，岩石力学强度高，工程地质条件良好。

3. 较坚硬-较软弱层状砂岩、泥岩岩组

分布于一牧场四连区域，主要由新近系上新统组成，岩性以互层的灰黄色、黄色砂岩

与褐色砂岩，浅、棕红泥岩为主，表层被第四系的砂砾石、黄土覆盖。岩石力学强度因胶结类型的不同而有所差异，其中砂岩抗压强度为 93.7 ~ 186.4MPa，软化系数为 0.35 ~ 0.64，泥岩抗压强度为 11.7 ~ 87.7MPa，软化系数为 0.66，承载力特征值为 800 ~ 1000kPa。岩石抗风化性差，吸水后裂解，强度较差，工程地质条件一般。

4. 砾类土单层土体

分布于山前洪积砾质平原区，岩性为上、更新统洪积砂卵砾石，粒度级配变化较大，砾石磨圆度次于河谷冲积砂砾石，中等密实，颗粒由山麓向平原逐渐变小，一般为单一结构，承载力特征值可达 400kPa，是工程建筑的良好持力层。二牧场一连、四连、六连及二连北部均有分布。

区内在靠近现代河谷阶地区域，因受河水侵蚀冲刷形成阶地陡坎，易造成河岸垮塌，工程地质条件略差。部分地段山体上覆有第四系覆盖层，与下伏岩性差异较大，存在易滑面，岩土体易产生滑动而发生滑坡地质灾害。

四、水文地质特征

（一）托云牧场水文地质特征

按地下水赋存条件，区内地下水分为第四系松散岩类孔隙水，中、新生界碎屑岩类裂隙孔隙水和基岩裂隙水 3 个类型。

1. 第四系松散岩类孔隙水

主要分布在苏约克河、铁列克河及支流河谷。含水层岩性为砂卵砾石，厚度数米至数十米不等。其补给来源除了降水垂直补给外，还可得到邻近基岩的侧向补给，汛期同时可得到河水的反补，富水性视含水层结构及厚度而有差异，水量较丰富，单井涌水量大于 5000m³/d。该类地下与河水关系密切，地下水位随河水变化明显，年变幅较大，地下水枯期向河床排泄。

2. 中、新生界碎屑岩类裂隙孔隙水

主要赋存于上新统阿图什组（N_2a）、古近系喀什群（EK）、侏罗系叶尔羌群（$J_{1-2}Y$）砂、砾岩中。根据含水层岩性不同，所处构造部位不同，富水性有差异，在构造发育的砂砾岩地区泉流量为 1 ~ 5L/s，大者为 8 ~ 10L/s。地下水的补给来源主要为大气降水，同时有冰雪融水。

3. 基岩裂隙水

主要赋存于托云牧场二连周边石炭系喀拉治尔金组（C_2kl）砂岩、粉砂岩、页岩、片岩、千枚岩地层中。多数泉水出露于砂岩中，该类地下水也以大气降水和冰雪消融补给为主，储存于岩石的裂隙中，再由裂隙向下游沟谷和邻近的含水层排泄。泉流量一般为 1 ~

3L/s，大者 8~10L/s，小者 0.5L/s 左右，该类含水层多处于中高山地带。

（二）一牧场及叶城二牧场水文地质特征

区内地下水的形成与分布受地形、地貌、气候、水文、地层岩性及地质构造控制，含水岩组按地层岩性、地下水赋存条件、水力特征归并组合，划分为块状岩类裂隙水、层状岩类孔隙裂隙水、第四系松散岩类孔隙水三种类型。

1. 块状岩类裂隙水

分布在中山区（一牧场一连受精站、二牧场三连处）。含水岩组主要为海西期、印支期花岗岩、花岗闪长岩类。地下水来源以降雨、冰雪融水补给为主，较集中的降水可垂向渗漏补给基岩山区的地下水。地下水沿沟谷、裂隙径流，除少部分以蒸发形式排泄外，大部分以泉的形式排泄于沟谷中。由于该区地形陡峭，汇水面积小，不利于地下水的补给。地下水在接受补给后，经过短距离径流即溢出成泉，向山下河流、沟谷排泄。块状岩类裂隙水大部分属于低矿化的重碳酸盐型水。只在小部分范围内出现硫酸根离子的富集，出现矿化度超过 1g/L 的微咸水。本区地下水受季节性控制非常明显，雨季积极循环交替，泉水出露较多，水量较大，旱季水量小，泉水出露较少。地下水化学类型为 $Cl \cdot SO_4-Na$ 型、$HCO_3 \cdot CL \cdot SO_4-Na \cdot Ca$ 型。

2. 层状岩类孔隙裂隙水

含水岩组由古近系、新近系砂岩、泥质砂岩、砾岩组成。主要接受大气降水的补给，由于气候干旱、降水稀少、蒸发强烈，有效大气降水补给非常有限，泉点稀疏（多为季节性泉），单泉流量小于 0.1L/s 或 0.1~1L/s，富水性为贫乏-中等，水化学类型为 $SO_4 \cdot Cl-Na \cdot Ca$ 型。在远离补给区、径流滞缓和介质含盐量高的地段，化学组成趋于复杂，矿化度为 5~10g/L，水化学类型为 $Cl-Na \cdot Ca$ 型的水。地下水主要以向北侧径流排泄为主。

3. 第四系松散岩类孔隙水

分布于山前带和山前冲洪积平原，主要含水层由第四系卵砾石、砂砾石、粉细砂组成，孔隙潜水赋存于各类型第四系松散堆积物中，由于地质构造、岩性结构所处地貌部位的不同，其富水性差异较大，按其赋存、分布特征分述如下：

（1）冲洪积层孔隙潜水

分布于各河流冲洪积平原，由全新统冲积层，上、更新统—中更新统冲洪积层及更新统冰水堆积层组成。由于岩性结构、所处地貌部位，以及地下水埋藏条件的不同，其富水性差别很大。冲洪积平原中、上游含水层岩性为卵石、砂砾石层，厚度较大，单井涌水量为 1000~5000m³/d（按口径 200mm、降深 5m 推算），水位埋深大于 30m，水化学类型为 $Cl \cdot SO_4-Na \cdot Mg$ 型或 $HCO_3 \cdot SO_4-Ca$，矿化度小于 1g/L。该区地下水补给来源主要为南部山区冰雪融水、暴雨洪流及河水渗漏的补给，地下水径流通畅，以侧向径流向下游排泄。

在冲洪积平原下游，含水层颗粒由粗变细，岩性由砂砾石逐渐变为中粗砂及粉细砂，单井涌水量为 100 ~ 1000m³/d，水位埋深小一般小于 10m，水化学类型为 Cl·SO₄–Na 型或 SO₄·Cl–Na（Cl·SO₄–Na），矿化度一般为 1 ~ 10g/L。该区地下水补给来源主要为南部侧向补给，地下水径流缓慢，以侧向径流、蒸发方式进行排泄。

（2）承压水

分布于冲洪积扇前缘和沙漠区。含水层岩性为砂砾石、中砂、中细砂，隔水顶板埋深为 50 ~ 80m，单井涌水量为 1000 ~ 2000m³/d，水化学类型为 Cl·SO₄–Na·Mg 型、HCO₃·SO₄–Ca 或 HCO₃·SO₄–Na 型，矿化度小于 1g/L；在沙漠区，含水层为中细砂、细砂，隔水顶板埋深小于 30m，单井涌水量为 100 ~ 1000m³/d，矿化度为 1.99 ~ 3.49g/L。本区地下水主要接受南部山区地下水的侧向径流补给和河流的渗漏补给，排泄方式以向北侧向径流排泄为主，少量蒸发及人工开采为辅。

第四节　小　　结

本章分析了南疆兵团分布及地质灾害孕灾环境，对受地质灾害威胁严重的托云牧场、一牧场和叶城二牧场地质灾害成灾害背景做了深入剖析。

南疆兵团 4 个师共 58 个农牧团场呈月牙形分布在塔里木盆地边缘，多数团场位于山前平原、丘陵地带，地形平缓，地质环境条件简单。托云牧场、一牧场、叶城二牧场等部分团场位于盆周山区，地形起伏大，气候干旱，降水集中，气温变化大，风化作用强烈，受多期强烈构造活动影响，褶皱、断裂极其发育，地震活动强烈，岩体破碎，地质环境条件复杂多变。

南疆兵团辖区多属暖温带大陆性干旱气候，第二师焉耆盆地兵团属中温带大陆性干旱气候，第十四师南部山区属温带或寒温带气候，各地年均降水量为 35 ~ 664mm，河流均属塔里木河水系。第一师各团场、垦区分布在阿克苏河、塔里木河冲洪积平原上；第二师分布在天山山间盆地、塔里木盆地的东部、阿尔金山山间谷地和天山、阿尔金山的山前冲积、洪积平原及孔雀河三角洲地带；第三师位于帕米尔高原东部山前，主要沿喀什噶尔河及其支流沿线分布；第十四师位于昆仑山脉北麓山前冲洪积扇上。构造上分属昆仑山纬向构造体系、天山纬向构造体系、帕米尔反"S"形构造体系、阿尔金昆仑山弧形构造体系和夹在其间的塔里木地块。地层发育较齐全，从古太古界到新生界均有出露。地震动峰值加速度为 0.05 ~ 0.30g，地震动反应谱周期为 0.40 ~ 0.45s。

托云牧场位于喀喇昆仑山北端，天山南麓，地势东南低，西北、西南高，海拔为 2160 ~ 4891m，主要河流有苏约克河、铁列克河及其支流。区内多年平均气温为 1℃，多年平均降水量为 230mm。一连位于苏约克断裂带附近，二连地处迈丹套晚古生代陆缘盆地内，断裂、褶皱较为发育。主要出露上新统阿图什组（N₂a）、古近系喀什群（EK）、侏罗系叶尔羌群（J₁₋₂Y）、石炭系喀拉治尔金组（C₂kl）砂岩、泥岩、变质砂岩、板岩等地层，沟谷内覆盖第四系河流冲洪积（Q₄ᵃˡ⁺ᵖˡ）砂卵石层。区内工程地质岩组包括：河漫滩、一级阶地冲洪积松散–中密卵砾石、碎块石土岩组，第四系坡洪积堆积松散–中密块碎石土岩组，软弱–半坚硬薄层状泥岩、厚层–块状砂岩岩组，较坚硬–坚硬薄层–块状砂岩、变质砂岩、板岩夹软弱薄层状页岩岩组，较坚硬–坚硬薄层–块状砂岩、复矿砂岩、板岩夹软弱薄层状页岩岩组。托云牧场位于南天山地震带内，地震活动性极强，附近 6.0 级以上地震达数十次，地震动峰值加速度为 0.30g，地震动反应谱特征周期为 0.45s。

一牧场与叶城二牧场相邻，一牧场位于塔克拉玛干沙漠南缘，地势自南向北倾斜，叶城二牧场位于昆仑山北麓，分为侵蚀剥蚀中山、剥蚀低山丘陵和堆积平原地貌类型。区内属暖温带荒漠气候，最大冻土厚度为 120cm，为非永久性冻土，年降水量为 200~250mm，年平均蒸发量大于 2000mm。构造上属塔里木陆块和西昆仑弧盆系弧，出露中元古界至二叠系变质岩，印支期和加里东期侵入岩分布广泛，山前地表覆盖第四系河湖相冲洪积土，分为坚硬块状岩浆岩岩组，坚硬中厚层状碳酸盐岩、碎屑岩岩组，较坚硬–较软弱层状砂岩、泥岩岩组及砾类土单层土体等工程地质岩组。地下赋含块状岩类裂隙水、层状岩类孔隙裂隙水、第四系松散岩类孔隙水三种地下水类型。该区位于塔里木南缘地震带内，附近地震一般小于 7.0 级，地震动峰值加速度为 0.15~0.20g，地震动反应谱特征周期为 0.35~0.40s。

第二章 地质灾害特征与形成条件

第一节 地质灾害数量及分布

一、南疆兵团地质灾害数量及分布

根据 2017～2018 年本课题地质灾害调查成果，结合 2019 年兵团辖区地质灾害调查成果统计，南疆兵团 4 个师辖区内共发育地质灾害点 254 处，其中第一师 16 处、第二师 33 处、第三师 100 处、第十四师 105 处，地质灾害类型主要为滑坡、崩塌、泥石流，其中滑坡 83 处、崩塌 82 处、泥石流 89 条（表 2.1）。

表 2.1　南疆兵团地质灾害统计表

兵团师（市）	滑坡/处	崩塌/处	泥石流/条	合计/处
第一师	4	5	7	16
第二师	3	22	8	33
第三师	19	32	49	100
第十四师	57	23	25	105
合计	83	82	89	254

兵团第一师发育地质灾害 16 处，占南疆兵团地质灾害总数的 6.3%，其中崩塌 5 处、滑坡 4 处、泥石流 7 条。地质灾害主要发育于 4 团、5 团，其中 4 团地质灾害 7 处（崩塌 2 处、滑坡 3 处、泥石流 2 条）、5 团地质灾害 8 处（崩塌 3 处、滑坡 1 处、泥石流 4 条），其他团场地质灾害 1 处（泥石流）。区内滑坡在 4 团、5 团草场分别发育 1 处、3 处，主要位于河谷两侧、矿山附近；崩塌发育与人类工程活动的关系较为密切，主要发育在 4 团、5 团中低山区及山前冲洪积倾斜平原，以及小台兰煤矿道路及各河道沿线；泥石流主要发育在一师北部 4 团、5 团低山丘陵区，这些区域沟谷发育，沟床纵坡降大，具有泥石流形成的地形条件，同时强烈风化破碎的裸露基岩和松散的碎石土层，以及谷坡坡面、坡脚及沟床内的大量松散碎屑物质，为泥石流提供了丰富的物源条件，遇有大雨或暴雨即可能发生泥石流。

兵团第二师发育地质灾害 33 处，占南疆兵团地质灾害总数的 13.0%，其中崩塌 22 处、滑坡 3 处、泥石流 8 条。地质灾害主要发育于 223 团、29 团、25 团，其中 223 团地质灾害 9 处（崩塌 3 处、泥石流 6 条）、29 团地质灾害 9 处（崩塌 8 处、滑坡 1 处），

25 团地质灾害 6 处（崩塌 5 处、泥石流 1 条），其余团草场地质灾害 9 处（崩塌 6 处、滑坡 2 处、泥石流 1 条）。区内崩塌发育在 29 团 8 处、25 团 5 处、223 团 3 处、36 团 2 处、22 团 2 处、24 团 1 处、30 团 1 处，主要发育在西北部霍拉山草场、北部中山区的夏子嘎提沟牧道、东北部东塔西哈沟牧道及西南部阿尔金山北麓 315 国道沿线；滑坡发育在 21 团、22 团、29 团各 1 处；泥石流发育在 223 团 6 条、25 团 1 条、30 团 1 条，主要位于静北山草场（夏子嘎提沟谷流域、侯力哈其沟谷流域、闹海沟谷流域、干萨仁沟谷流域）、巴音布鲁克草场（赛尔买沟谷流域）和霍拉山草场（铁热克阔坦能木勒沟谷流域）。

兵团第三师发育地质灾害 100 处，占南疆兵团地质灾害总数的 39.4%，其中崩塌 32 处、滑坡 19 处、泥石流 49 条。主要发育于托云牧场和叶城二牧场，其中托云牧场地质灾害 62 处（崩塌 24 处、滑坡 4 处、泥石流 34 条），占第三师地质灾害总数的 62%；叶城二牧场地质灾害 33 处（崩塌 3 处、滑坡 15 处、泥石流 15 条），占第三师地质灾害总数的 33%；其他团场发育地质灾害 5 处（崩塌 5 处），占第三师地质灾害总数的 5%。

兵团第十四师发育地质灾害 105 处，占南疆兵团地质灾害总数的 41.3%，其中崩塌 23 处、滑坡 57 处、泥石流 25 条，主要在一牧场内发育。崩塌主要发育在东南部的中山区河谷两侧，以及牧道沿线；滑坡主要在河谷岸坡、河（渠）水冲刷及人类工程活动（人工切坡）产生的大量高陡边坡发育；泥石流主要发育在南部低山及中山区河谷两侧冲沟。

二、托云牧场地质灾害数量及分布

托云牧场一连、二连共查明地质灾害 62 处，其中泥石流 34 条、崩塌 24 处、滑坡 4 处，分别占地质灾害总数的 54.8%、38.7%、6.5%（表 2.2）（刘皑国等，2005）。

表 2.2　托云牧场地质灾害统计表

地质灾害类型	泥石流	崩塌	滑坡	合计
调查统计数据	34 条	24 处	4 处	62 处
所占比例/%	54.8	38.7	6.5	100

一连驻地及周边共发育地质灾害 30 处，其中泥石流 14 条、崩塌 13 处、滑坡 3 处，分别占地质灾害总数的 46.7%、43.3%、10%（图 2.1）。

二连驻地及周边共发育地质灾害 32 处，其中泥石流 20 条、崩塌 11 处、滑坡 1 处，分别占地质灾害总数的 62.5%、34.4%、3.1%（图 2.2）。

一连地质灾害主要沿苏约克河沿线及国防公路内侧斜坡分布，二连地质灾害主要沿铁列克河沿岸及国防公路沿线分布。不同地质灾害类型在空间上分布特征各不相同，崩塌主要分布在河流及公路沿线一带，泥石流主要分布在苏约克河和铁列克河的各支流上。

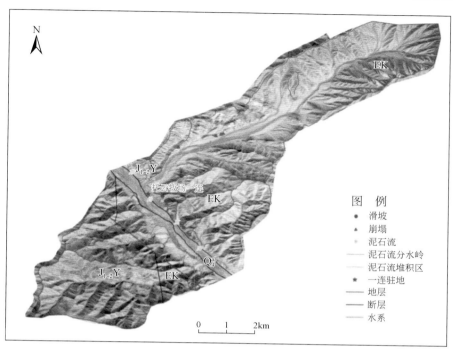

图 2.1 托云牧场一连地质灾害分布简图

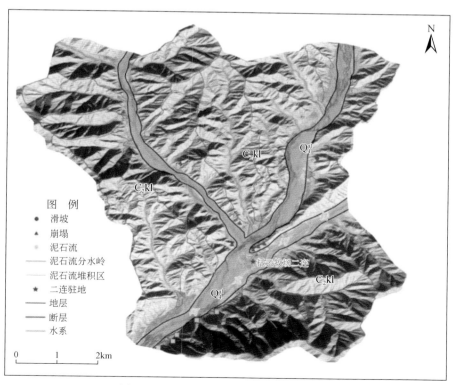

图 2.2 托云牧场二连地质灾害分布简图

三、叶城二牧场地质灾害数量及分布

叶城二牧场包括场部及 5 个连队。二连草场、三连位于中山区,区内峰谷相间,山体陡峻,沟谷交错。二连连部及连部周边草场部分区域位于构造剥蚀低山丘陵区,表层黄土层发育。二连、三连受阿克齐河、柯克亚河、台斯河、吾鲁格吾鲁斯塘河的冲刷切割,沟谷发育。

叶城二牧场共发育各类地质灾害点 33 处,其中崩塌 3 处、滑坡 15 处、泥石流 15 条,地质灾害主要沿河流沟谷分布,暴雨期多集中于 6～9 月,最近一次发生于 2017 年 8 月下旬。从分布区域上看,地质灾害主要在二连、三连、五连分布(表2.3,图2.3)。

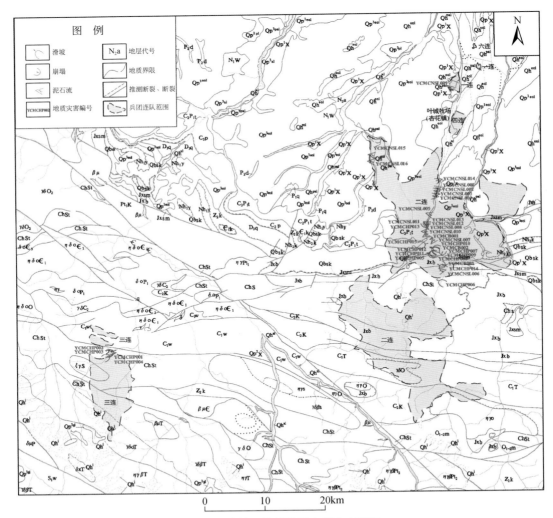

图2.3　叶城二牧场地质灾害分布简图

表 2.3 叶城二牧场地质灾害统计表

灾害类型	崩塌/处	滑坡/处	泥石流/条	合计/处
二连	3	11	14	28
三连	—	4	—	4
五连	—	—	1	1
合计	3	15	15	33

四、一牧场地质灾害数量及分布

一牧场包括场部及 8 个连队，各连队零散分布于山区各河流沟谷内，河流冲刷切割强烈，沟谷发育。场部、五连、六连、七连、八连位于较开阔的平原区，地质灾害不发育；一连、二连大部区域位于中山区，穿插分布在奴尔河、阿克亚河、拉龙河、洪水河、大龙河、哈米鲁提河、咻咻河、应及给沟中上游区域；三连位于乌鲁克萨依河、雅尔盖沟中上游；四连位于赛里古龙河中上游。

一牧场共发育各类地质灾害点 25 处，其中崩塌 6 处、滑坡 6 处、泥石流 13 条，地质灾害主要沿各河流沟谷分布，暴雨期多集中于 6~9 月发生，最近一次发生于 2017 年 8 月下旬。从分布区域上看，地质灾害主要在一连、二连、三连、四连分布（表 2.4，图 2.4）。

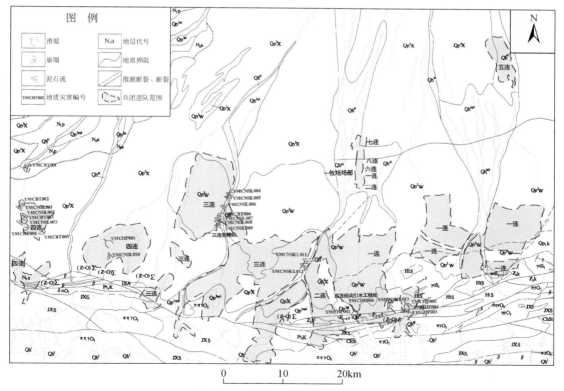

图 2.4 一牧场地质灾害分布简图

表 2.4　一牧场地质灾害统计表

灾害类型	崩塌/处	滑坡/处	泥石流/条	合计/处
一连	—	3	1	4
二连	—	2	2	4
三连	1	1	7	9
四连	5	—	3	8
合计	6	6	13	25

第二节　地质灾害特征

一、南疆兵团地质灾害特征

（一）崩塌特征

南疆兵团 4 个师辖区内共发育崩塌 82 处，规模以小型为主，共 71 处，中型 11 处，分占比别为 86.6%、13.4%。

第一师辖区内共发育崩塌 5 处，规模均为小型，倾倒式崩塌。按现状稳定性分，4 处危岩不稳定、1 处较稳定；在降水、地震、风化等因素的影响下都可能失稳，预测 5 处危岩均不稳定。危岩处微地貌以陡坡、陡崖为主，地形坡度多大于 60°，高度小于 10m 的居多，坡面形态多为直立型。2017 年 7 月 5 团一连崩塌造成农田损失数万元。

第二师辖区内共发育崩塌 22 处，其中规模小型 15 处、中型 7 处。按现状稳定性分，19 处危岩不稳定、3 处较稳定；从发展趋势来看，22 处危岩稳定性较差。区内斜坡多是人为开挖形成的人工边坡，降水是主要诱发因素，地震、冻胀也会造成崩塌的发生。崩塌多发生在大于 45° 斜坡，斜坡高度大于 20m，坡面凹凸不平的陡崖处。

第三师辖区内共发育崩塌 32 处，其中规模小型 28 处、中型 4 处。崩塌主要发育在块状砂岩、粉砂岩、碳酸盐岩中。区内崩塌发生多与暴雨、人类工程活动有关。受构造影响，褶皱、断裂十分发育，导致裂缝发育，岩体破碎。

第十四师辖区内共发育崩塌 23 处，规模均属小型。按物质组成划分，土质崩塌 22 处、岩质崩塌为 1 处。按崩塌形成机理划分，倾倒式崩塌 6 处、鼓胀式崩塌 17 处。按现状稳定性划分，1 处危岩较稳定、22 处不稳定；从发展趋势看，3 处危岩较稳定、20 处不稳定。崩塌所处斜坡微地貌大多为陡坡、陡崖，斜坡坡度为 38°~86°，按崩塌微地貌划分，陡崖斜坡 10 处、陡坡斜坡 13 处。按崩塌所处斜坡坡高划分，17 处坡高小于 50m、3 处坡高为 50~100m、3 处坡高大于 100m。按斜坡坡体宽度划分，1 处崩塌斜坡坡宽小于 50m、4 处斜坡坡宽为 50~100m、18 处斜坡坡宽大于 100m。6 处崩塌位于河流凸岸、17 处位于凹岸。大部分为自然形成的高陡边坡，部分是人类工程活动形成的边坡，如亚门铁矿矿山道路、一牧场县道、萨尔公路、乌鲁克萨依河公路、赛里古龙河东牧道等。

（二）滑坡特征

南疆兵团 4 个师辖区内共发育崩塌 83 处，规模以小型为主，共 77 处，中型 6 处，分占比别为 92.8%、7.2%。

第一师辖区内共发育 4 处滑坡，均为残坡积层滑坡、现代滑坡；规模中型 1 处、小型 3 处；3 处浅层滑坡、1 处中厚层滑坡；1 处推移式滑坡、3 处牵引式滑坡；1 处滑坡由工程开挖引起、3 处自然滑坡；目前，1 处滑坡不稳定、3 处较稳定；从滑坡发展趋势来看，1 处稳定性较好、3 处不稳定。滑坡区斜坡坡度为 32°～55°，坡高为 11～432m，坡面形态均为凹形。区内滑坡的形态特征不明显，集中发育在中山区沟谷内，滑坡所在斜坡坡度较大，坡体前缘多分布有冲沟、河谷和道路，流水或削坡修路对坡体前缘有切割作用。土质滑坡体的岩性多为冰积碎块石，结构松散，黏聚力小，透水性强。煤矿开采形成的采空塌陷，削坡建房、修路，以及采矿过程中产生的爆破震动等，均对滑坡的发生有促滑作用，中山区降水较为丰富，尤其在融雪和强降雨期间为滑坡的多发时段。

第二师辖区内共发育 3 处滑坡，均由自然因素诱发；其中，2 处小型滑坡、1 处中型滑坡；2 处黄土滑坡、1 处残坡积层滑坡；滑坡体厚度为 2.0～2.5m，属浅层滑坡（厚度<10m）；2 处牵引式滑坡、1 处推移式滑坡；2 处新滑坡、1 处老滑坡；现状 2 处滑坡不稳定、1 处较稳定；3 处滑坡发展趋势均不稳定。

第三师辖区内共发育 19 处滑坡，均属小型滑坡，主要分布于中高山区；其中，3 处牵引式滑坡、16 处推移式滑坡；18 处新滑坡、1 处老滑坡。

第十四师辖区内共发育 57 处滑坡，均为新滑坡、牵引式滑坡和堆积层（土质）滑坡；其中，中型滑坡 4 处、小型滑坡 53 处；56 处为以黄土为主的堆积层滑坡、1 处为残坡积层碎石土滑坡；滑坡厚度一般为 0.5～5.0m，均为浅层滑坡（厚度<10m）。

（三）泥石流特征

南疆兵团 4 个师辖区内共发育泥石流 89 条，规模以小型为主，共 68 条，中型 21 条，分占比别为 76.4%、23.6%。

第一师辖区内共发育 7 条泥石流，均为小型、降雨型泥石流，为稀性泥石流，分布于低山丘陵区；其中，2 条沟谷型泥石流、5 条山坡型泥石流；4 条泥石流沟、3 条水石流沟；5 条为坡面侵蚀泥石流、2 条存在沟床侵蚀和坡面侵蚀；5 条为发展期、2 条为旺盛期；5 条高频泥石流、2 条低频泥石流；4 条易发程度中等、3 条低易发；5 条泥石流沟流域面积小于 5km²、2 条大于 10km²；5 条泥石流沟流域相对高度小于 100m、2 条大于 500m。泥石流发生在年内时间上相对集中，大多集中在 6～9 月，具有突发、来势猛、能量大、破坏性强的特点。2013 年 6 月 17 日 4 团北侧发生山洪、泥石流灾害，直接损失达 3 亿元；五团工业园泥石流沟造成每年损失约 100 万元。

第二师辖区内共发育 8 条泥石流，均为降雨型泥石流，为稀性泥石流；其中，中型泥石流 4 条、小型 4 条；2 条属水石流沟、6 条泥石流沟；3 条处于旺盛期、5 条处于衰退期；4 条为中频泥石流、3 条低频泥石流、1 条间歇性泥石流；4 条泥石流分布于山区、其余 4 条分布于出山口处；5 条为沟谷型泥石流、3 条为山坡型泥石流；从固体物源提供方式划分，5 条沟床侵蚀泥石流、1 条崩塌泥石流、2 条坡面侵蚀泥石流。

第三师辖区内共发育 49 条泥石流，其中，中型 16 条、小型 33 条。区内泥石流均属暴雨型沟谷型泥石流，物质组成属泥流、泥石流、水石流，多处于发育期，流域面积一般较小。

第十四师辖区内共发育 25 条泥石流，均属暴雨型泥石流，分布于中山区，为沟谷型泥石流，为稀性泥石流。其中，小型 24 条、中型 1 条；24 条为泥石流、1 条为泥流；7 条泥石流处于发展期、18 条处于旺盛期；泥石流爆发频率以中频为主，个别为低频；从固体物源提供方式划分，2 条为坡面侵蚀泥石流，其余 23 条均存在沟床侵蚀和坡面侵蚀；19 条泥石流易发程度中等、6 条低易发。区内泥石流一般形成区和流通区界限不明显，下游出山口多为开阔的砾质平原及河谷，堆积区形态多呈扇形。堆积扇上冲沟长度为 80 ~ 200m，扩散角为 30° ~ 55°，堆积物厚度为 0.5 ~ 3.0m，一次堆积体积一般为 2500 ~ 20000m^3，少者为 500 ~ 1000m^3。

二、托云牧场地质灾害特征

（一）崩塌特征

托云牧场共发育崩塌 24 处，中型 4 处、小型 20 处。崩塌主要在块状砂岩、粉砂岩中发生。区内崩塌发生多与暴雨、人类工程活动有关。

研究区受构造影响，小型褶皱、断裂十分发育，导致以块状砂岩为主的岩体较为破碎，裂隙发育。同时受地形控制，沟谷岸坡中上部地形陡峭，有利于崩塌的形成。

（二）滑坡特征

托云牧场共发育滑坡 4 处，均为小型。区内滑坡相对较少，究其原因，研究区属我国西北干旱地区，植被稀少，仅局部地段有少量灌木，斜坡表面多为松散的砂土、碎块石土，以及裸露的强风化基岩，在雨季集中降雨条件下，表层的松散物质快速随水流产生"剥皮、拉槽式"的坡面侵蚀汇入沟内，降雨入渗至下部形成滑面的概率较小，因此产生成规模的滑坡概率较低。

（三）泥石流特征

托云牧场共发育泥石流 34 条，规模以中、小型为主，中型 16 条、小型 18 条。区内泥石流属山区暴雨型沟谷泥石流；沟谷形态基本为"V"型，主沟纵坡降为 200‰ ~ 500‰；泥石流沟道普遍较短，流域面积一般小于 5km^2；泥石流的物质来源主要是较坚硬-半坚硬碎屑岩及软-半坚硬砂岩岩组，岩性主要为砂岩、粉砂岩、泥岩、页岩等；根据泥石流易发程度判定标准，多属中易发。

区内泥石流有如下特点：

1）区内年降水总量很小，但每年 5 ~ 8 月雨季多发短时集中暴雨，导致泥石流频发；

2）由于沟道岸坡几乎没有植被，斜坡保水性很差，沟道岸坡坡面侵蚀现象严重，与南方地区相比，同等降雨条件下，更易形成地表径流，斜坡崩坡积、残积物更容易被地表水裹挟成为泥石流物源；

3）区内小型褶皱、断裂发育，岩体较为破碎，受降雨、地震等影响易发生崩塌，因此崩塌物源也是泥石流的主要物源；

4）泥石流"来也快、去也快"，短时暴雨后沟谷内水流迅速汇集，迅速形成泥石流，但冲出量不大，雨停后又迅速疏干，泥石流停歇；

5）区内砂岩、板岩形成的泥石流物源，黏粒含量较少，因此多形成稀性泥石流；

6）受地形条件控制，一连泥石流规模较二连小，二连泥石流沟道纵坡降大，水动力条件较好，另外沟道岸坡坡度较陡，形成的崩塌物源也更多，为泥石流的形成提供了有利的条件；

7）区内老泥石流堆积一般厚度为 10~15m，在堆积区最大可见直径 2~3m 的漂石分布，而新近形成的泥石流堆积物多以细粒物质为主，粒径主要集中在 2~10cm，说明历史上该区域发生泥石流的规模更大。

三、叶城二牧场地质灾害特征

叶城二牧场发育有崩塌、泥石流、滑坡，均为小型地质灾害。受地质、地貌、水文、气象等自然因素影响，叶城二牧场不同区域地质灾害类型、发育程度均存在差异（乃尉华和张磊，2009）。在海拔 3000~4500m 以上的中山区均为牧区草场，大部区域分布有坚硬中厚层状碳酸盐岩、碎屑岩及坚硬块状岩浆岩岩组，人类工程活动较弱，主要是放牧活动，水土流失较轻，地质灾害不发育；在海拔 2000~3000m 的低山区，分布有二连、三连、五连居民区，此处沟谷发育、谷壁陡峭，遭受侵蚀、剥蚀作用强烈，多发育有崩塌、滑坡、泥石流地质灾害；在海拔 1500~2000m 的堆积平原区，为河流堆积作用形成的冲洪积扇，该区域土地较肥沃，河漫滩、一级阶地植被发育，地质灾害不发育。

四、一牧场地质灾害特征

一牧场发育崩塌 6 处，小型 4 处、中型 2 处；发育滑坡 6 处，均为小型；发育泥石流 13 条，小型 11 条、中型 2 条。

在海拔 3000~4500m 的中山区，主要发育滑坡、泥石流；在海拔 2000~3000m 的低山区，沟谷发育、谷壁陡峭，遭受侵蚀、剥蚀作用强烈，崩塌、泥石流、滑坡均有分布；在海拔 1500~2000m 的堆积平原区，地质灾害不发育。

第三节　地质灾害形成条件与影响因素分析

一、地形地貌条件

地形坡度对滑坡、崩塌、泥石流的形成具有明显的控制作用。地形坡度不仅影响斜坡内的应力分布，而且对斜坡表面地表水径流、斜坡体内地下水的补给与排泄、斜坡上松散物堆积厚度、植被发育等起着决定性控制作用，从而控制着斜坡的稳定性，地形坡度越陡越易引发崩塌灾害。同时，山坡坡度、冲沟密度、沟床纵比降控制泥石流的形成。研究表明，泥石流沟域内冲沟发育，两岸斜坡上纹沟、细沟众多，水系呈扇状，冲沟切割深度为3～15m，沟床纵坡降为150‰～400‰，属泥石流产生的有利地形条件。

二、地质构造条件

南疆兵团大都分部于天山褶皱系、昆仑山褶皱带及塔里木陆块的结合部，因此，新构造运动较为强烈，具体表现为新构造运动频率高、规模大，水平及垂直运动都表现明显，构造形迹中的褶曲、断裂易见。地质构造强烈活动为地质灾害的发育提供了条件。

三、地层岩性条件

地形地貌、岩性组合和地质构造对地质灾害易发程度的控制并不是孤立的起作用，而是受它们的不利组合控制的，在一些特定的斜坡地段地质灾害的易发程度显著提高。易产生泥石流、崩塌的不稳定岩土体主要是：松散岩组，沟道内植被很少，斜坡保水性很差，沟道岸坡坡面侵蚀现象严重，与南方地区相比同样的降雨条件下，更易形成地表径流，斜坡崩坡积、残积物结构松散，多无胶结，孔隙率大，渗透性强，更容易被地表水裹挟成为泥石流物源。滑坡灾害则均为堆积层（土质）滑坡，主要发生在层状、互层状较坚硬-较软弱碎屑岩岩组，岩性以砾岩、砂岩、泥岩为主；软-半坚硬砂岩岩组，其岩性为砂岩、粉砂岩、变质砂岩、泥岩、页岩等，该岩组中易发生崩塌。

四、水文地质条件

地下水的运动在滑坡形成过程中是一个很活跃的因素。松散结构岩类具有孔隙含水的特征，有利于降水、地表水及渠水等的入渗，补给、径流、排泄条件好，易富集；地下水的潜蚀作用破坏土体的结构，形成空洞，造成潜蚀，发生管涌；斜坡上广泛分布的坡积、残积层地下水下渗至基岩，因差异渗透使基岩顶部成为相对隔水层，地下水得以聚集并产生浮托力，土体经软化，易沿基岩面变形破坏并导致滑动。

区内碎屑岩类具有裂隙含水特征，地面浅部普遍含有风化带网状裂隙水，其中的软弱层遇水极易软化，力学强度降低，造成岩体失稳发生崩塌。地下水活动还使岩层表部浸润泥化，促进岩体风化破碎。降雨是引起地下水水动力状态迅速改变的重要激化因素。

总之，各类岩石层面、裂隙、断裂破碎带，在地下水的作用下，成为软弱的易滑结构面，促进斜坡的变形破坏。还对岩土中可溶矿物产生溶蚀作用，促进岩土体的结构破坏，是岩土体失稳滑动的重要因素。

五、降水条件

研究区地处欧亚大陆腹地，属暖温带极端大陆性干旱–半干旱气候，雨量稀少，冬季少雪，降水量随高程增加而增大，垂直分带明显。第一师年均降水量为 40.1 ~ 82.5mm，第二师年均降水量为 58.6mm，第三师主要垦区年均降水量为 34.1 ~ 78mm，第十四师年均降水量为 34.66 ~ 195mm。叶城二牧场年均降水量为 57.9mm，中高山区年均降水量为 200mm，十四师一牧场年均降水量为 195mm，中高山区年均降水量达 400mm，中高山区是滑坡、泥石流、崩塌地质灾害高发区域。

研究区地处我国西北少雨地区，区内降水的年际变化大，多雨年份降水量可达 326.4mm，少雨年份为 139mm，多年平均降水量为 230mm。每年的 5 ~ 8 月为相对集中降水期，降水量达 133.4mm，占全年降水量的 58%；每年的 11 月至次年元月为枯水期，降水量为 11.5mm，占全年的 5%；其余月份为平水期，降水量为 85.1mm，占全年的 37%。虽然总降水量较小，但雨季容易发生局部暴雨，导致区内雨季泥石流频发。

六、植被

研究区位于天山南麓、昆仑山北麓、塔里木盆地西缘，植被类型主要以林地植被和草场植被为主。林地植被主要分布在海拔 2000m 以上的 223 团草场及海拔 2500 ~ 3500m 的叶城二牧场和托云牧场，植物类型主要为昆仑圆柏、云杉等。草场植被主要分布于各团草场、平原区和山区，植被类型随气候、地形、水文及土壤的变化也各有差异。区内植被对地质灾害的影响主要表现在崩塌、滑坡和泥石流的分布上。根据研究区地质灾害点的分布情况，可以发现地质灾害较为发育的地区植被以草地为主，林地较少。地质灾害在植被覆盖低的地区发育程度要明显高于植被覆盖好的地区，脆弱的地质环境失去植被的庇护，加剧了地质灾害的发生。

七、地震

研究区位于南天山地震带及西昆仑地震带。据地震台资料，第一师周边区域 2009 ~ 2015 年共发生 4.0 ~ 5.3 级地震 15 次，第二师周边区域 1927 ~ 2012 年曾发生 5 级以下地震 50 余次、5 级以上地震 14 次，第三师区内及邻区 1889 ~ 2015 年发生 6 级以上地震 15 次。托云牧场所在的区域周边每隔 10 年、15 年、20 年都有周期性地震发生，地震造成房屋倒塌，人员伤亡。统计发现，南疆兵团崩塌、滑坡灾害均发生在次不稳地区，叶城二牧场南部山区断裂带周边共分布 4 处崩塌、20 处滑坡灾害，说明地震活动与重力崩滑作用在空间上密切相关。由此可见，频繁的地震影响，使地层遭受强烈切割挤压而破碎，山体稳定性遭到破坏，为崩塌、滑坡、泥石流等地质灾害发生提供了条件，造成区内地质灾害频发，危害严重。

八、人类工程活动

南疆地质灾害发育的农牧团场内以农业、牧业为主,且大都沿边境中低山区分布,人类工程活动主要以农牧业、交通设施工程、水利设施工程、城镇建设及矿山开采活动为主。中低山区是最重要的夏牧场,由于多年来的过量放牧,林草植被遭到了一定程度的破坏,土体裸露、草场退化、水土流失正日渐加重。区内沟谷发育,加之山体破碎,沟底松散堆积物丰富,暴雨时,雨水在各支沟上游汇集,顺地势带着泥沙冲向下游,易形成泥石流灾害,给沟口处山区公路、简易乡道及桥涵、渠道带来较大的破坏。另外在修筑山区公路、水渠时开挖坡脚,人为地造成许多陡坡、陡坎,破坏了斜坡原有的稳定性,无形中给崩塌、滑坡的形成创造了条件。一牧场的中山区矿山企业虽已停产,但由于切坡过高过陡,形成不稳定边坡,受风化剥蚀、地震、爆破震动的影响,易形成崩塌地质灾害。高原牧区人类工程活动相对较弱,主要集中于河谷地带,以建房、修路为主。区内公路大多为劈山而建,许多地方因人工切坡过陡而产生崩塌和滑坡,局部造成一定隐患。

第四节　小　　结

本章阐明了南疆兵团,以及托云牧场、叶城二牧场、一牧场地质灾害发育特征、分布规律和危害情况,对地质灾害形成条件与影响因素做了分析。

南疆兵团辖区内共发育地质灾害 254 处,其中滑坡 83 处、崩塌 82 处、泥石流 89 条,规模以小型为主。地质灾害已造成 3 人死亡,1.23 亿元经济损失,目前威胁 589 人,威胁资产 1.11 万元,地质灾害灾情、险情等级以一般级为主。

托云牧场位于剥蚀构造中、高山、河谷区,共发育地质灾害 62 处,其中泥石流 34 条、崩塌 24 处、滑坡 4 处,主要沿苏约克河、铁列克河两岸及国防公路内侧斜坡分布,一连、二连均有分布,崩塌、滑坡规模以小型为主,泥石流以中、小型为主,多属山区暴雨型沟谷泥石流,发生过程历时短、规模小,泥石流沟道普遍较短、纵坡降较大,流域面积较小,易发程度中等。

叶城二牧场共发育地质灾害 33 处,其中崩塌 3 处、滑坡 15 处、泥石流 15 条,规模均为小型,主要分布在二连、三连和五连,在海拔 2000~3000m 的低山区地质灾害较发育。

一牧场位于侵蚀剥蚀构造山地、丘陵地貌区,共发育地质灾害 25 处,其中泥石流 13 条、崩塌 6 处、滑坡 6 处,规模以小型为主,主要在一连、二连、三连、四连分布,在海拔 2000~4500m 中、低山区地质灾害较发育。

第三章　典型地质灾害成灾机理分析

第一节　典型崩塌成灾机理分析

一、托云牧场一连 B1 崩塌成灾机理分析

（一）概况

托云牧场一连 B1 崩塌位于苏约克河左岸斜坡处，距离一连驻地约 500m，常发生零星小规模崩塌及落石。危岩区斜坡坡向为 220°~248°，主要表现为陡崖、陡坡，坡度为30°~70°，局部近直立。危岩区顶距谷底最大相对高差约 170m，宽约 600m。崩塌堆积物主要分布于斜坡及坡脚地带（图 3.1）。

图 3.1　托云牧场一连 B1 崩塌三维影像图

根据地质环境条件及危岩的分布特征，将危岩划分为 3 个危岩区、6 处危岩带和 1 处滑坡（图 3.2~图 3.10）。从北西至南东依次为 Ⅰ 、Ⅱ 、Ⅲ 号危岩区，其中 Ⅰ 号危岩区发

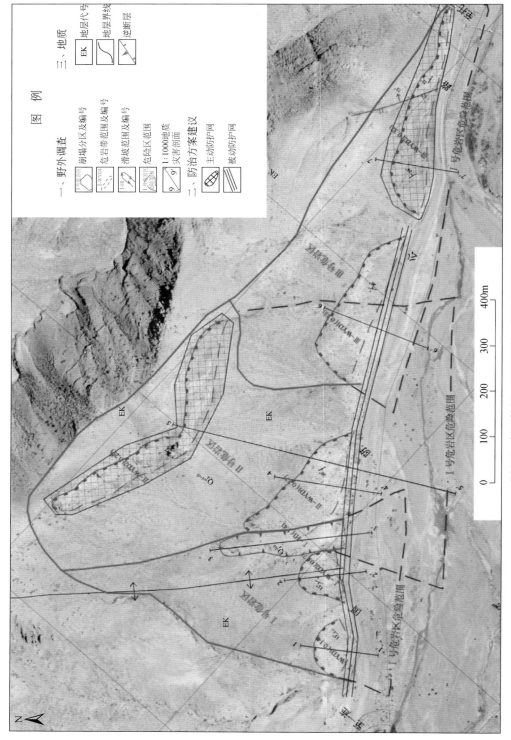

图 3.2 托云牧场一连 B1 崩塌工程地质平面图

图3.3　托云牧场一连 B1 崩塌Ⅰ-WYD1 照片

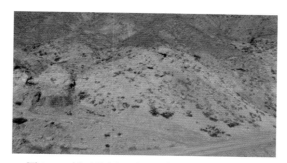

图3.4　托云牧场一连 B1 崩塌Ⅰ-WYD2 照片

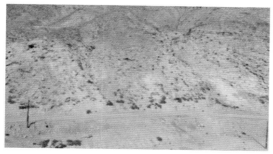

图3.5　托云牧场一连 B1 崩塌Ⅰ-WYD3 照片

图3.6　托云牧场一连 B1 崩塌Ⅱ-WYD1 照片

图 3.7　托云牧场一连 B1 崩塌 Ⅱ - WYD1-1 照片

图 3.8　托云牧场一连 B1 崩塌 Ⅱ - WYD1-2 照片

图 3.9　托云牧场一连 B1 崩塌 Ⅲ - WYD1 照片

图 3.10　托云牧场一连 B1 崩塌 Ⅲ - WYD2 照片

育有 2 处危岩带和 1 处滑坡（Ⅰ-WYD1、Ⅰ-WYD2 和 Ⅰ-H1），Ⅱ号危岩区可划分为 2 处危岩带（Ⅱ-WYD1、Ⅱ-WYD2），Ⅲ号危岩区可划分为 2 处危岩带（Ⅲ-WYD1、Ⅲ-WYD2），危岩体积共计约 1.52 万 m³。

（二）危岩体基本特征

区内危岩分布可划分为 3 个区，岩性为薄–中厚层状板岩、中厚–块状变质砂岩，局部夹薄层状页岩。岩石锤击声清脆、有回弹、震手、较难击碎，弱–中风化，属较坚硬岩类。危岩区位于背斜轴部附近，各种小型褶皱（曲）、断层发育，岩体中发育 3～5 组优势裂隙，危岩体由结构面（主要为构造裂隙、卸荷裂隙和层面）切割而成，其形态受结构面控制。地层层面倾角为 18°～46°，其余结构面整体倾角较陡，为 61°～82°，结构面导致危岩体形态多呈楔形体状，少见近长方体状。裂隙发育间距在 2～6 条/m，延伸长 0.3～15m，节理发育，岩体破碎–较破碎，呈镶嵌碎裂结构、裂隙块状结构、碎裂状结构，危岩块体大小不均，块径一般为 0.2～1m，最大可达 4.6m。岩体破碎加之山高坡陡的地形条件，岩体易崩落，形成崩塌地质灾害（图 3.11）。

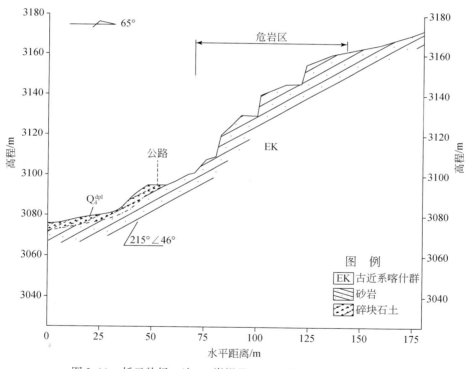

图 3.11 托云牧场一连 B1 崩塌Ⅲ-WYD2 危岩工程地质剖面图

（三）危岩体变形破坏特征

危岩体的破坏特征包括危岩体变形破坏方式及危岩崩落后形成的崩塌体运动、停积特征。

1. 变形破坏模式

危岩破坏模式受地层岩性、构造、地震、气候条件及植被条件控制。危岩地处陡峻基岩斜坡体上，岩体坚硬，结构面陡立，倾角为61°~82°；另外呈张开状的卸荷裂隙发育决定了危岩破坏形式主要有坠落、滑移两种形式，少量为倾倒式。斜坡体上危岩变形破坏主要以零星的落石掉块为主，间夹少量滑移、倾倒。落石掉块的区域大，块石体积一般以0.2~1.5m³为主，崩塌体主要以棱角分明的楔形体、近长方体状块石为主；多以坠落式为主。

（1）Ⅰ号危岩区Ⅰ-WYD1危岩带

Ⅰ-WYD1危岩带位于Ⅰ号危岩区左下方，岩性为薄–中厚层状板岩，呈镶嵌碎裂结构，岩层产状为15°∠18°，坡向为南48°西，坡度约为60°，坡体结构为逆向坡。岩体结构面发育密集，结构面间距为0.5~1.0m，结构面多张开，裂隙宽度为0.3~0.5m，有块石土填充，延伸长度为3~4m，坡表岩体破碎，受风化侵蚀强烈，坡表冲沟发育，大量崩塌堆积块石分布于坡表前缘，直径0.5~1.0m，在不利工况下有进一步失稳的可能。

该危岩带长80~90m，宽60~70m，厚5~6m，方量约25200m³。岩体中主要发育两组结构面（图3.12）：

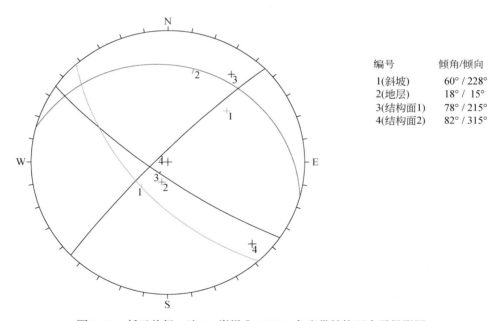

编号	倾角/倾向
1(斜坡)	60°/228°
2(地层)	18°/15°
3(结构面1)	78°/215°
4(结构面2)	82°/315°

图3.12　托云牧场一连B1崩塌Ⅰ-WYD1危岩带结构面赤平投影图

结构面1，产状215°∠78°，迹长2.5~3.0m，间距0.8m左右，裂隙宽0.3~0.4m，少量碎石土及砂土填充；

结构面2，产状315°∠82°，迹长多大于3.0m，间距1.0m左右，裂隙宽0.3~0.4m，少量碎石土及砂土填充。

（2）Ⅱ号危岩区Ⅱ-WYD1危岩带

Ⅱ-WYD1危岩带位于Ⅱ号危岩区左下方，岩性为薄层状页岩，呈裂隙块状结构，岩层产状210°∠28°，坡向南35°西，坡度55°左右，坡体结构为顺向坡。岩体结构面发育密集，结构面间距1.0m左右，结构面多张开，裂隙宽度为0.3~0.5m，有碎块石土填充，延伸长度6~7m。坡表基岩裸露，岩体破碎，单层厚度较薄，质地坚硬，弯曲变形不明显，受风化侵蚀强烈，坡表冲沟发育。该危岩带发育两组结构面，呈张开状，在不利工况下容易发生失稳，失稳方式为坠落式、滑移式。

该危岩带长110~120m，宽80~90m，厚5~6m，方量约60000m³。岩体中主要发育两组结构面（图3.13）：

结构面1，产状105°∠85°，迹长3.0~3.5m，间距1.0m左右，裂隙宽0.3~0.5m，少量碎石土及砂土填充；

结构面2，产状28°∠78°，迹长多大于3.0m，间距0.8m左右，裂隙宽0.2~0.3m，少量碎石土及砂土填充。

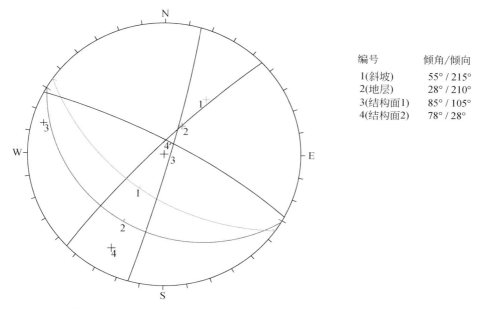

编号	倾角/倾向
1(斜坡)	55°/215°
2(地层)	28°/210°
3(结构面1)	85°/105°
4(结构面2)	78°/28°

图3.13　托云牧场一连B1崩塌Ⅱ-WYD1危岩结构面赤平投影图

（3）Ⅲ号危岩区Ⅲ-WYD1危岩带

Ⅲ-WYD1危岩带位于Ⅲ号危岩区左下方，岩性为薄层状页岩，呈裂隙块状结构，岩层产状165°∠26°，坡向南38°西，坡度55°左右，坡体结构为倾外斜向坡。岩体结构面发育密集，结构面间距0.7m左右，结构面多张开，裂隙宽度为0.3~0.5m，有碎块石土和砂土填充，延伸长度7~9m。坡表岩体破碎，受风化侵蚀强烈，坡表冲沟发育。该危岩带发育两组结构面，呈张开状，在不利工况下容易发生失稳。

该危岩带长130~150m，宽60~70m，厚5~6m，方量约49000m³。岩体中主要发育两组结构面（图3.14）：

结构面1，产状118°∠78°，迹长多7.0m以上，间距0.7m左右，裂隙宽0.3~0.5m，少量碎石土及砂土填充；

结构面2，产状22°∠85°，迹长多6.0m以上，间距0.8m左右，裂隙宽0.3~0.4m，少量碎石土及砂土填充。

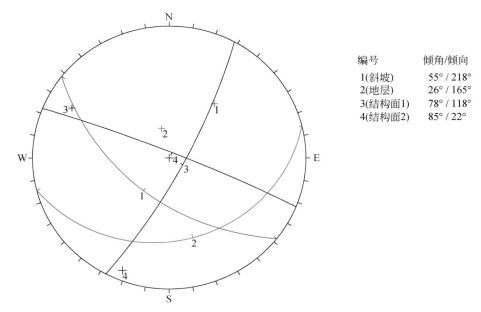

编号	倾角/倾向
1(斜坡)	55°/218°
2(地层)	26°/165°
3(结构面1)	78°/118°
4(结构面2)	85°/22°

图 3.14　托云牧场一连 B1 崩塌Ⅲ-WYD1 危岩结构面赤平投影图

（4）Ⅲ号危岩区Ⅲ-WYD2危岩带

Ⅲ-WYD1危岩带位于Ⅲ号危岩区右下方，岩性为中厚—块状变质砂岩，呈裂隙块状结构，岩层产状96°∠21°，坡向南15°西，坡度75°左右，坡体结构为倾内斜向坡。岩体结构面发育密集，结构面间距0.8~1.0m，结构面多张开，裂隙宽度为0.5~0.7m，有块石土和砂土填充，延伸长度10~15m。坡表岩体破碎，受风化侵蚀强烈，坡表冲沟发育。该危岩带发育三组结构面，在卸荷及风化作用下，多呈张开状，因结构面间距较大，在不利工况下容易发生失稳，失稳方式为坠落式。

该危岩带长120~160m，宽40~60m，厚5~6m，方量约32000m³。岩体中主要发育三组结构面（图3.15）：

结构面1，产状281°∠76°，迹长多10m以上，间距0.8m左右，裂隙宽0.3~0.5m，少量碎石土及砂土填充；

结构面2，产状335°∠68°，迹长6.0~8.0m，间距0.7m左右，裂隙宽约0.5m，少量碎石土及砂土填充；

结构面3，产状235°∠61°，迹长多大于8m，间距0.8~1.0m，裂隙宽0.3~0.4m，少量碎石土及砂土填充。

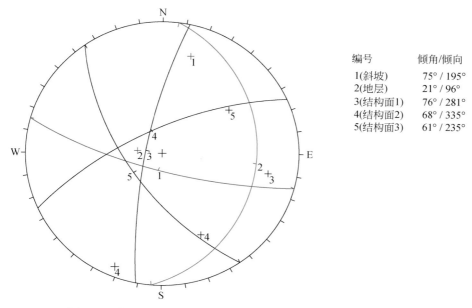

编号	倾角/倾向
1(斜坡)	75°/195°
2(地层)	21°/96°
3(结构面1)	76°/281°
4(结构面2)	68°/335°
5(结构面3)	61°/235°

图3.15　托云牧场一连 B1 崩塌Ⅲ-WYD2 危岩结构面赤平投影图

2. 崩塌体运动特征

研究区危岩体在重力和地震力等作用下发生坠落、倾覆及滑移形成崩塌。崩塌体脱离母岩掉落于斜坡上，由于斜坡陡峻，坡度一般在 30°～70°，崩塌体不易停积于危岩体下陡坡上，多在陡坡坡面滚动、滑移，当略有阻挡或坡面凹凸不平，崩塌体就以滚动的方式运动，在陡坡上加速运动具备一定速度后在陡坎顶部抛射而出，冲击斜坡，反弹放射启动，到达地面后以滚动或跳跃的方式运动一段距离后在坡体较平缓处停止。区内崩塌运动有坠落、滑移，运动方式以翻滚为主，跳跃为辅，多停积于缓坡带和坡脚一带。

（四）危岩区边坡整体稳定性分析

根据现场调查结果，对危岩区边坡稳定性分析如下：

1）危岩区边坡地势陡峻，危岩体主要分布在 1350～1550m 高程段，坡度为 30°～65°，局部呈陡崖状，对边坡稳定不利；

2）强卸荷带深度为 1～8m，在坡体外凸部位卸荷强烈，卸荷裂隙虽在坡体局部凸出部位贯通性较好，张开度较大，但整体贯通线较差；

3）一背斜从斜坡区通过，岩体中发育 3～5 组优势裂隙，岩体被切割成块体，裂隙发育间距为 2～6 条/m，延伸长 0.3～15m，节理发育，岩体破碎-较破碎，呈镶嵌碎裂结构、裂隙块状结构和碎裂状结构。各类结构面的发育不利于斜坡的稳定。

边坡岩体变形破坏主要受表生改造影响，危岩区整体处于稳定或基本稳定状态，其岩体沿斜坡浅表部陡倾结构面卸荷松弛，受构造裂隙和层面分割，在长期风化、卸荷的影响之下，其变形破坏主要体现为强卸荷带内破碎岩体失稳。

（五）危岩带稳定性分析与评价

1. 定性分析

根据调查结果，按照《滑坡崩塌泥石流灾害调查规范（1∶50000）》（DZ/T 0261—2014）定性分析崩塌稳定性（表3.1）。近年来区内及附近地段危岩带主要存在局部的掉块现象，并未见大规模的整体崩塌发生，因此判定区内危岩带处于稳定–基本稳定状态。在未加治理的情况下，各种不利因素（主要为地震和暴雨）对其作用，危岩体及滑坡的变形和破坏必将进一步加剧，呈欠稳定或不稳定状态，直至发生崩塌和形成滑坡滑动。

该区曾多次发生崩塌，对坡脚过往行人、车辆生命及财产造成巨大威胁。

表 3.1　崩塌稳定性野外判断依据

斜坡要素	不稳定	较稳定	稳定
坡脚	临空，坡度较陡且常处于地表径流的冲刷之下有发展趋势，并有季节性泉水出露，岩土潮湿、饱水	临空，有间断季节性地表径流流经，岩土体较湿	斜坡较缓，临空高差小，无地表径流和继续变形的迹象，岩土体干燥
坡体	坡面上有多条新发展的裂缝，其上建筑物、植被有新的变形迹象，裂隙发育或存在易滑软弱结构面	坡面上局部有小的裂缝，其上建筑物、植被无新的变形迹象，裂隙较发育或存在软弱结构面	坡面上无裂隙发育，其上建筑物、植被没有新的变形迹象，裂隙不发育，不存在软弱结构面
坡肩	可见裂隙或明显位移迹象，有积水或存在积水地形	有小裂隙，无明显变形迹象，存在积水地形	无位移迹象，无积水，也不存在积水地形
岩层	中等倾角顺向坡，前缘临空，反向层状碎裂结构岩体	碎裂岩体结构，软硬岩层相间，斜倾视向变形岩体	逆向和平缓岩层，层状块体结构
地下水	裂隙水和熔岩水发育，具多层含水层	裂隙发育，地下水排泄条件好	隔水性好，无富水地层

2. 模拟计算

（1）Rocfall 模拟

根据实地调查资料，在 Rocfall 中设置参数和断面模型，计算危岩体运动轨迹、最远运动距离、弹跳高度、总动能等。在 3 个危岩区分别设置模拟断面。

A. Ⅰ号危岩区剖面崩塌 Rocfall 模拟

模拟中将边坡上部划分为裸露的砂岩（C_2kl），下部覆盖少量的灌木和堆积物堆积，下方公路为沥青材料，底部为第四系冲洪积层（Q_4^{apl}）碎石块、漂卵石。在危岩区设置落石，初始速度设为 0m/s，根据落石起始位置确定边坡角度为 81°，最大落石体积取 1.8m×1.2m×0.8m，岩性为砂岩，质量为 2017kg（图 3.16 ~ 图 3.19）。

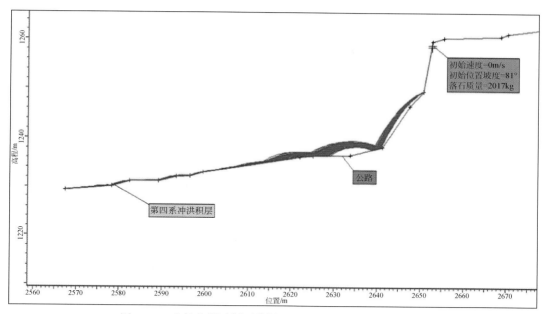

图 3.16　Ⅰ号危岩区剖面崩塌 Rocfall 模拟落石运动轨迹图

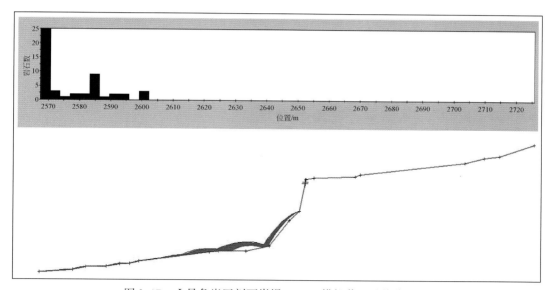

图 3.17　Ⅰ号危岩区剖面崩塌 Rocfall 模拟落石最终位置图

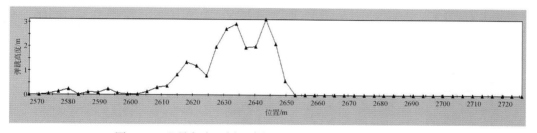

图 3.18　Ⅰ号危岩区剖面崩塌 Rocfall 模拟落石弹跳高度图

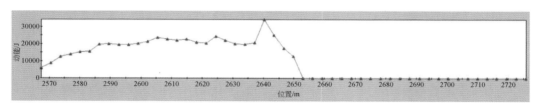

图 3.19　Ⅰ号危岩区剖面崩塌 Rocfall 模拟总动能包络线图

模拟结果，最大落石最大崩落高差为 21m，崩落最远距离为 180m，威胁下方公路安全，最大弹跳高度为 3.2m，滚落时的最大动能可达 350000J，其能量巨大，有较大的破坏力。

B. Ⅱ号危岩区剖面崩塌 Rocfall 模拟

初始速度设为 0m/s，根据落石起始位置确定边坡角度为 81°，最大落石体积取 1.5m×1.0m×0.8m，岩性为砂岩，质量 1935kg（图 3.20）。

模拟结果，落石最大崩落高差为 50m，崩落最远距离为 104m，威胁下方公路安全，最大弹跳高度为 3.1m，滚落的最大动能可达 450000J，其能量巨大，有较大的破坏力。

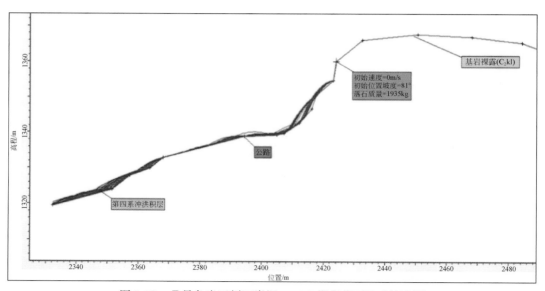

图 3.20　Ⅱ号危岩区剖面崩塌 Rocfall 模拟落石运动轨迹图

C. Ⅲ号危岩区剖面崩塌 Rocfall 模拟

初始速度设为 0m/s，根据落石起始位置确定边坡角度为 36°，最大落石体积取 1.7m×1.3m×0.85m，岩性为砂岩，质量 2016kg（图 3.21）。

模拟结果，落石最大崩落高差为 49m，崩落最远距离为 175m，威胁下方公路安全，最大弹跳高度为 4.2m，最大块石滚落时的最大动能可达 450000J，其能量巨大，有较大的破坏力。

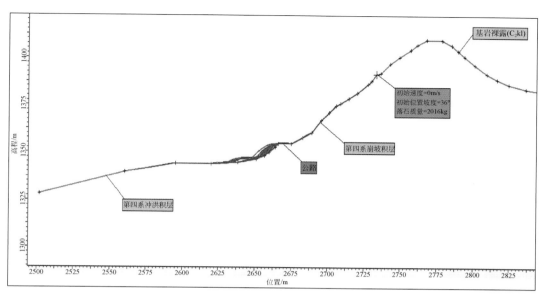

图 3.21　Ⅲ号危岩区剖面崩塌 Rocfall 模拟落石运动轨迹图

（2）CRSP-3D 模拟

CRSP-3D 软件可以很好地再现山体实际情况，模拟结果接近实际。根据无人机航摄获取的 DEM 高程数据，基于 Global Mapper 平台导出大地坐标，并导入 CRSP-3D 软件中建立山体模型。根据现场调查资料划分区域，设置坡表情况、山体岩性、落石位置、大小和数量等。计算得出崩塌发生时落石运动轨迹、运动时间、速度、最远崩落距离、弹跳高度、冲击能量等一系列数据（图 3.22～图 3.27）。

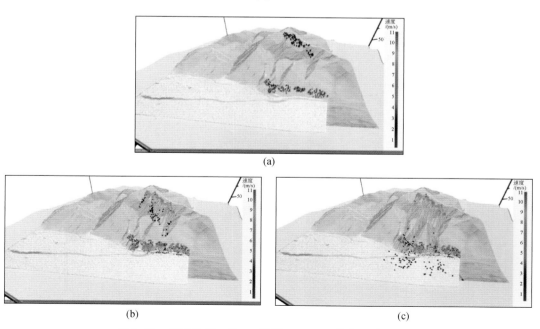

图 3.22　托云牧场一连 B1 崩塌 CRSP-3D 模拟运动过程图

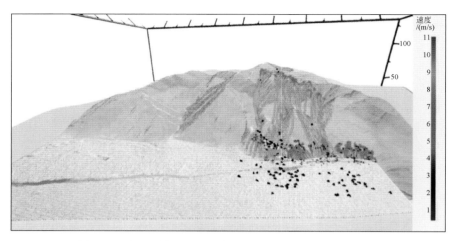

图 3.23　托云牧场一连 B1 崩塌 CRSP-3D 模拟运动速度图

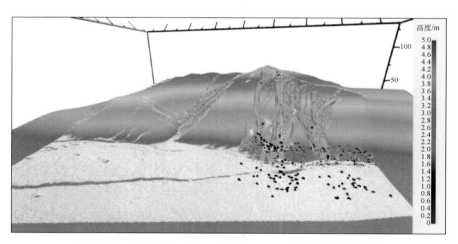

图 3.24　托云牧场一连 B1 崩塌 CRSP-3D 模拟弹跳高度图

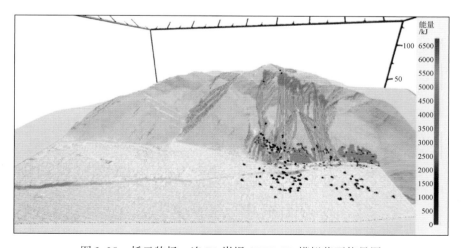

图 3.25　托云牧场一连 B1 崩塌 CRSP-3D 模拟落石能量图

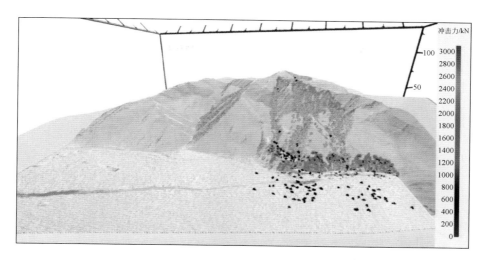

图 3.26 托云牧场一连 B1 崩塌 CRSP-3D 模拟落石冲击力图

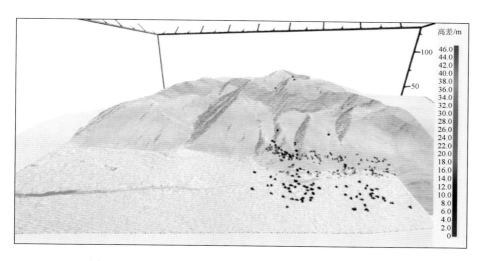

图 3.27 托云牧场一连 B1 崩塌 CRSP-3D 模拟落石高差图

模拟结果，落石最大崩落高差为 78m，崩落最远距离为 182m，最大弹跳高度为 6.2m，最大块石滚落时的最大动能可达 680000J，其能量巨大，有较大的破坏力，威胁下方公路安全。

二、托云牧场二连 B1 崩塌成灾机理分析

（一）概况

托云牧场二连 B1 崩塌位于二连驻地下游约 2km 处，铁列克河谷左岸斜坡，地理坐标：东经 75°46′12″、北纬 40°08′44″，常发生零星小规模崩塌及落石。危岩区斜坡坡向为

300°~310°，主要表现为陡崖、陡坡，坡度为30°~70°，局部近直立。危岩体后缘高程为2775m，斜坡前缘高程为2655m，高差约120m，危岩区宽为400~600m。崩塌堆积物主要分布于斜坡及坡脚地带（图3.28）。

图3.28　托云牧场二连B1崩塌三维影像图

（二）危岩体形态特征

根据地质环境条件及危岩的分布特征，将危岩划分为3处危岩带。从北东至南西依次为Ⅰ、Ⅱ、Ⅲ号危岩带，总体积约9000m³，为小型岩质崩塌（图3.29~图3.35）。

危岩体岩性为薄-中厚层状板岩、中厚-块状变质砂岩，局部夹薄层状页岩，岩层产状352°∠53°。岩石锤击声清脆、有回弹、震手、较难击碎，弱-中风化，属较坚硬岩类。危岩区位于背斜轴部附近，各种小型褶皱（曲）、断层发育，岩体中发育两组优势节理裂隙：①128°∠69°；②256°∠80°。危岩体由结构面（主要为构造裂隙、卸荷裂隙和层面）切割而成，其形态受结构面控制。岩层倾角为20°~53°，其余结构面整体倾角较陡为60°~79°，结构面导致危岩体形态多呈楔形体状、少见近长方体状。裂隙发育间距在3~5条/m，延伸长为0.4~12m，节理发育，岩体破碎-较破碎，呈镶嵌碎裂结构、裂隙块状结构、碎裂状结构，危岩块体大小不均，块径一般为0.2~1m，最大可达3.9m。岩体破碎加之山高坡陡的地形条件，岩体易崩落，形成崩塌地质灾害。

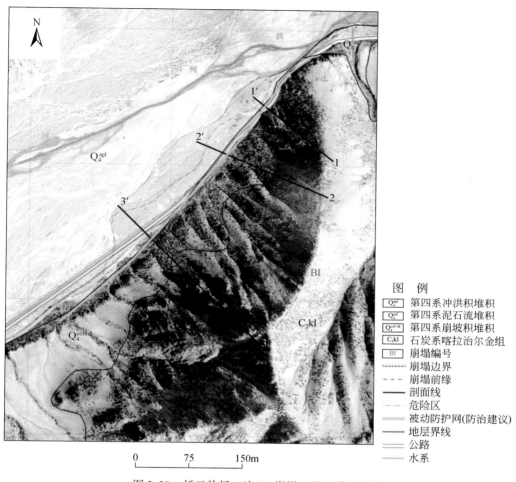

图 3.29 托云牧场二连 B1 崩塌工程地质平面图

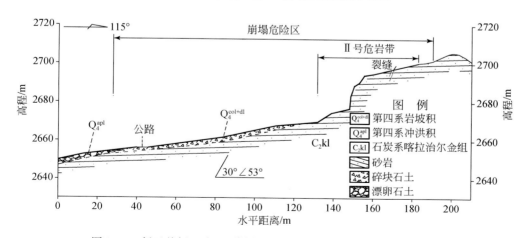

图 3.30 托云牧场二连 B1 崩塌 2-2′剖面图（剖面位置见图 3.29）

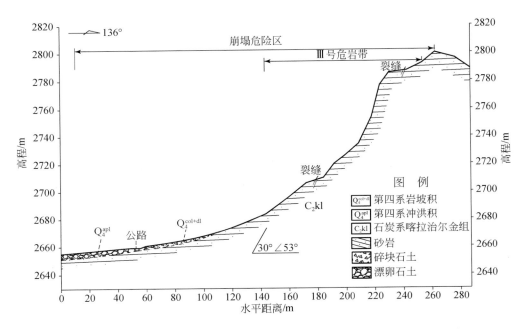

图 3.31　托云牧场二连 B1 崩塌 3-3′剖面图（剖面位置见图 3.29）

图 3.32　托云牧场二连 B1 崩塌下部

图 3.33　托云牧场二连 B1 崩塌 I 号危岩带

图 3.34　托云牧场二连 B1 崩塌 II 号危岩带

图 3.35　托云牧场二连 B1 崩塌 III 号危岩带

（三）危岩体变形破坏特征

1. 变形破坏模式

区内危岩破坏模式受地层岩性、构造、地震、气候条件及植被条件控制。危岩地处陡峻基岩斜坡上，岩体坚硬，结构面陡立，倾角68°～80°。发育的呈张开状的卸荷裂隙决定了危岩破坏形式主要有坠落式、倾倒式二种。

斜坡体上危岩变形破坏主要以零星的落石掉块为主，间夹少量滑移、倾倒，落石掉块的区域大，块石体积一般为 0.3～1.5m³，崩塌体主要以棱角分明的楔形体、近长方体状块石为主，多以坠落式为主。

（1）Ⅰ号危岩带

该危岩带长 50～75m，宽 30～40m，厚 5～6m，方量约 1000m³。岩体中主要发育三组结构面（图3.36）：

结构面1，产状128°∠69°，迹长多在5m以上，间距0.7m左右，裂隙宽0.3～0.5m，少量碎石土及砂土填充；

结构面2，产状256°∠80°，迹长3.0～4.0m，间距1.2m左右，裂隙宽0.4～0.6m，少量碎石土及砂土填充；

结构面3，产状278°∠68°，迹长多大于3m，间距0.8～1.0m，裂隙宽0.3～0.4m，少量碎石土及砂土填充。

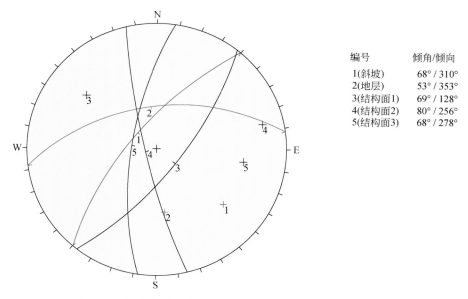

编号	倾角/倾向
1(斜坡)	68°/310°
2(地层)	53°/353°
3(结构面1)	69°/128°
4(结构面2)	80°/256°
5(结构面3)	68°/278°

图3.36　托云牧场二连 B1 崩塌 Ⅰ号危岩带结构面赤平投影图

地形上三面临空，受卸荷和风化侵蚀作用，结构面多张开，这些结构面相互组合，形成锲形状块体，在不利工况下容易失稳形成崩塌。同时，因结构面较长且间距较大，发生崩落后容易形成巨大锲形状的块体。失稳方式为坠落式、倾倒式。

（2）Ⅱ号危岩带

该危岩带长 100~120m，宽 40~50m，厚 2~3m，方量约 5000m³。岩体中主要发育三组结构面（图 3.37）：

结构面 1，产状 128°∠69°，迹长 3.0~4.0m，间距 1.0m 左右，裂隙宽度约 0.4m，少量碎石土及砂土填充；

结构面 2，产状 256°∠80°，迹长约 5.0m，间距 0.9m 左右，裂隙宽 0.5~0.6m，少量碎石土及砂土填充；

结构面 3，产状 165°∠77°，迹长多大于 5m，间距 0.8~1.0m，裂隙宽 0.3~0.4m，少量碎石土及砂土填充。

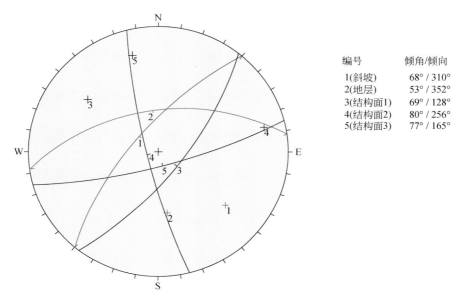

编号	倾角/倾向
1(斜坡)	68° / 310°
2(地层)	53° / 352°
3(结构面1)	69° / 128°
4(结构面2)	80° / 256°
5(结构面3)	77° / 165°

图 3.37　托云牧场二连 B1 崩塌Ⅱ号危岩带结构面赤平投影图

（3）Ⅲ号危岩带

该危岩带长 110~130m，宽 50~55m，厚 2~3m，方量约 6000m³。岩体中主要发育两组结构面（图 3.38）：

结构面 1，产状 128°∠69°，迹长 3.0~4.0m，间距 1.0m 左右，裂隙宽度约 0.4m，少量碎石土及砂土填充；

结构面 2，产状 256°∠80°，迹长约 5.0m，间距 0.9m 左右，裂隙宽 0.5~0.6m，量碎石土及砂土填充。

2. 崩塌体运动特征

区内危岩体在重力和地震力等作用下发生坠落、倾覆及滑移形成崩塌体。崩塌体脱落母岩掉落于斜坡上，由于斜坡陡峻，其坡度一般在 30°~70°，崩塌体不易停积于危岩体下陡坡上，多在陡坡坡面滚动、滑移，当略有阻挡或坡面凹凸不平，崩塌体就以滚动的方式运动，在陡坡上加速运动具备一定速度后在陡坎顶部抛射而出，冲击斜坡，反弹放射启

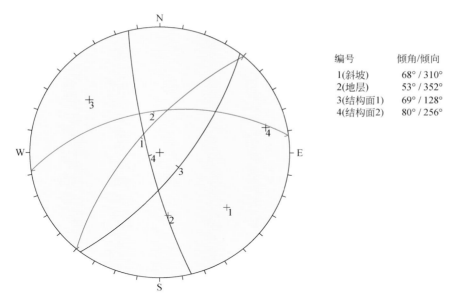

编号	倾角/倾向
1(斜坡)	68°/310°
2(地层)	53°/352°
3(结构面1)	69°/128°
4(结构面2)	80°/256°

图 3.38　托云牧场二连 B1 崩塌Ⅲ号危岩带结构面赤平投影图

动，到达地面后以滚动或跳跃的方式运动一段距离后在坡体较平缓处停止。区内危岩活动有坠落、倾倒，运动方式以翻滚为主，跳跃为辅，多停积于缓坡带和坡脚一带。

（四）危岩区边坡整体稳定性分析

1）危岩区边坡地势陡峻，危岩主要分布在 2700～2755m 高程段，坡度 30°～70°，局部呈陡崖状，对边坡稳定不利；

2）强卸荷带深度 1～8m，在坡体外凸部位卸荷强烈，卸荷裂隙虽在坡体局部凸出部位贯通性较好，张开度较大，但整体贯通性较差；

3）一小型背斜从斜坡区通过，岩体中发育 3～5 组优势裂隙，岩体被切割成块体，裂隙发育间距为 2～6 条/m，延伸长 0.3～15m，岩体破碎–较破碎，呈镶嵌碎裂结构、裂隙块状结构、碎裂状结构，各类结构面的发育不利于斜坡的稳定。

边坡岩体变形破坏主要为受表生改造影响，危岩区整体处于稳定或基本稳定状态，其岩体沿斜坡浅表部陡倾结构面卸荷松弛，受裂隙和层面分割，在长期风化、卸荷的影响之下，其变形破坏主要体现为强卸荷带内破碎岩体的失稳。

（五）危岩带稳定性分析与评价

1. 定性分析

根据调查结果，按照《滑坡崩塌泥石流灾害调查规范（1：50000）》（DZ/T 0261—2014）定性分析崩塌稳定性。近年来区内及附近地段危岩带主要存在局部的掉块现象，并未见大规模的整体崩塌发生，因此目前基本可以判断区内危岩带处于稳定–基本稳定状态。在各种外力作用下，特别是受降雨及地震影响后，危岩带将产生局部失稳，危岩体将处于基本稳定-欠稳定状态。

2. 定量计算

（1）Rocfall 模拟

根据实地调查资料，在 Rocfall 中设置参数和断面模型，计算危岩体运动轨迹、最远运动距离、弹跳高度、总动能等。在 3 个危岩区分别设置模拟断面。

A. 1-1′剖面 Rocfall 模拟

模拟中将边坡上部划分为裸露的砂岩（C_2kl），下部覆盖少量的灌木和堆积物，下方公路为沥青材料，底部为第四系冲洪积层（Q_4^{apl}）碎块石和漂卵石，在危岩区设置落石，初始速度设为0m/s，根据落石起始位置确定边坡角度为36°，最大落石体积取 2.1m×0.8m×0.5m，岩性为砂岩，质量为1984kg（图3.39~图3.42）。

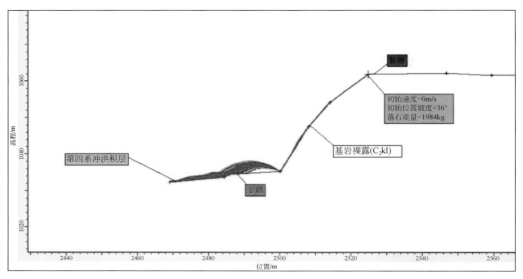

图 3.39　托云牧场二连 B1 崩塌 1-1′剖面 Rocfall 模拟落石运动轨迹图

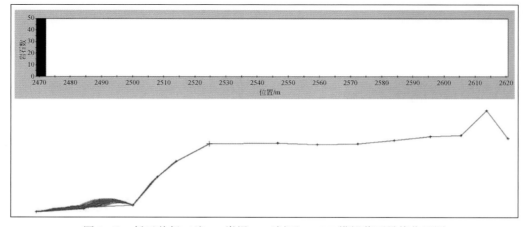

图 3.40　托云牧场二连 B1 崩塌 1-1′剖面 Rocfall 模拟落石最终位置图

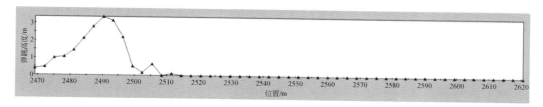

图3.41　托云牧场二连 B1 崩塌 1-1′剖面 Rocfall 模拟落石弹跳高度图

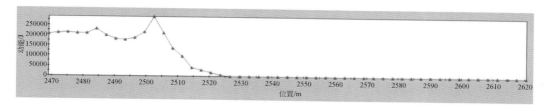

图3.42　托云牧场二连 B1 崩塌 1-1′剖面 Rocfall 模拟总动能包络线图

计算结果，落石最大崩落高差为 22m，最远崩落距离为 71m，最大弹跳高度为 3.2m，最大块石滚落时的最大动能可达 35000J，落石滚落威胁下方公路安全。

B. 2-2′剖面 Rocfall 模拟

初始速度设为 0m/s，根据落石起始位置确定边坡角度为 72°，最大落石体积取 2.1m×0.75m×0.6m，岩性为砂岩，质量为 2034kg（图3.43）。

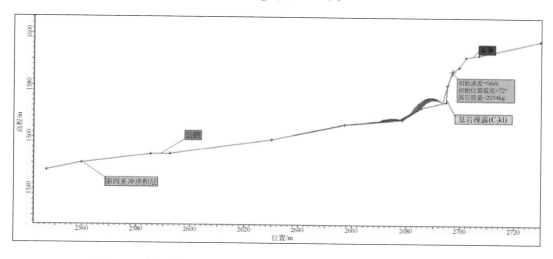

图3.43　托云牧场二连 B1 崩塌 2-2′剖面 Rocfall 模拟落石运动轨迹图

计算结果，落石最大崩落高差为 24m，崩落最远距离为 50m，未到达下方的国防公路，最大弹跳高度为 3.2m，最大块石滚落时的最大动能可达 220000J。

C. 3-3′剖面 Rocfall 模拟

初始速度设为 0m/s，根据落石起始位置确定边坡角度为 54°，最大落石体积取 2.2m×1.0m×0.7m，岩性为砂岩，质量为 2357kg（图3.44）。

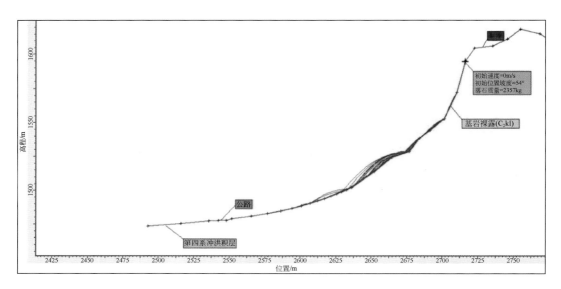

图 3.44　托云牧场二连 B1 崩塌 3—3′剖面 Rocfall 模拟落石运动轨迹图

计算结果，落石最大崩落高差为 220m，崩落最远距离为 130m，未到达下方的国防公路，最大弹跳高度为 7.2m，最大块石滚落时的最大动能可达 860000J。

（2）CRSP-3D 模拟

根据无人机航摄获取的 DEM 高程数据，导入 CRSP-3D 软件中建立山体模型，计算崩塌落石运动轨迹、运动时间、速度、最远崩落距离、弹跳高度、冲击能量等数据（图 3.45～图 3.50）。

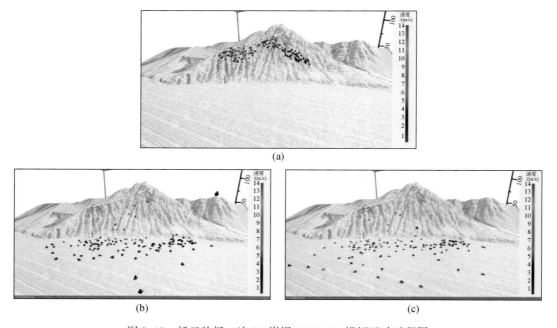

图 3.45　托云牧场二连 B1 崩塌 CRSP-3D 模拟运动过程图

图 3.46　托云牧场一连 B1 崩塌 CRSP-3D 模拟运动速度图

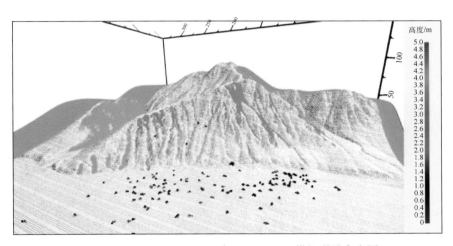

图 3.47　托云牧场一连 B1 崩塌 CRSP-3D 模拟弹跳高度图

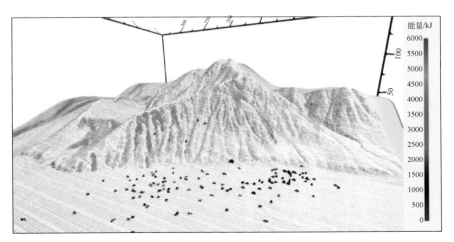

图 3.48　托云牧场一连 B1 崩塌 CRSP-3D 模拟落石能量图

图 3.49　托云牧场一连 B1 崩塌 CRSP-3D 模拟落石冲击力图

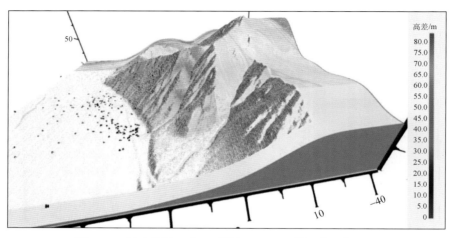

图 3.50　托云牧场一连 B1 崩塌 CRSP-3D 模拟落石高差图

计算结果，落石最大崩落高差为 193m，崩落最远距离为 263m，威胁下方国防公路，最大弹跳高度为 8.6m，最大块石滚落时的最大动能可达 770000J，其能量巨大，有较大的破坏力。

第二节　典型泥石流成灾机理分析

一、托云牧场一连 N4 泥石流成灾机理分析

（一）概况

该泥石流位于苏约克河左岸，沟口地理坐标：东经 75°08′24″、北纬 40°19′33″，沟口

正对一连营房，有国防公路通过堆积扇（图 3.51）。泥石流位于构造剥蚀中高山区，地质构造属南天山古生代边缘海区，岩层褶皱多、断裂次之。

图 3.51　托云牧场一连 N4 泥石流全貌

（二）泥石流形成条件分析

1. 地形地貌条件

泥石流沟流域汇水面积为 1.5km^2，最高点海拔约 3469m，沟口海拔为 3134m，相对最大高差达 335m。沟道下游呈 "U" 型，中上游呈 "V" 型，两侧山坡陡峭。主沟长 2.53km，沟床平均纵坡降为 125‰，两侧羽状支沟发育，汇流条件较好。泥石流沟域划分为清水区、形成流通区和堆积区（表 3.2，图 3.52）。

表 3.2　托云牧场一连 N4 泥石流沟道情况一览表

指标	最低高程/m	最高高程/m	高差/m	沟长/m	平均纵坡降/‰
主沟	3134	3469	335	2530	125
清水区	3398	3469	71	450	581
形成流通区	3200	3389	189	1702	286
堆积区	3125	3200	75	378	115

图 3.52　托云牧场一连 N4 泥石流三维影像图

（1）清水区的地形地貌条件

主沟 3398m 以上段为泥石流清水区，沟源高程为 3469m，高差为 71m，清水区沟长 450m，平均纵坡降为 581‰（表 3.2，图 3.53）。

图 3.53　托云牧场一连 N4 泥石流清水区地形地貌条件

该区沟谷较为狭窄，呈"V"型，沟道较为顺直，基岩大面积裸露，分水岭处地形陡峭，呈圈椅状，谷坡坡度多在40°以上，主要起汇水作用。沟道岸坡整体稳定性较好，植被覆盖率极低。沟道坡度陡峻、顺直，并在末端收拢变窄。该段的汇水功能明显，并可为水流提供强大的水动力条件。

（2）形成流通区地形地貌条件

主沟高程为3200～3389m，高差为189m，该段沟长1702m，平均纵坡降为286‰（表3.2）。该区沟谷地形相对宽缓，而沟道断面较为狭窄，呈近"V"型深切冲槽特征。上游段沟底宽为4～6m，下游段沟道束窄，从地形上呈现由宽变窄的特征，整体沟道顺直，沟道坡度具有一定陡缓交替的空间特征（图3.54）。

图3.54 托云牧场一连N4泥石流形成流通区地形地貌特征

区内岩性主要为石炭系喀拉治尔金组（C_2kl）砂岩、粉砂岩，局部基岩出露。主要分布16处松散固体物源，特别是坡面堆积物源，活动性极强，最容易启动形成泥石流。泥石流在运动过程中，不断侵蚀沟岸和冲刷沟床，沟道堆积物、岸坡坍塌物及部分滑坡堆积物都将成为泥石流的固体物质补给源。这些物源并非全部会参与泥石流活动中，且不会一次补给产流，而是逐次补给，多次参与泥石流活动，泥石流活动频率大。

（3）堆积区的地形地貌条件

泥石流堆积区高程为3125～3200m，高差为75m，沟长约378m，平均纵坡降为115‰（表3.2）。堆积区呈扇形分布，前缘直抵一连营地，堆积扇长约330m，宽为20～80m，堆积体厚为1～5m，岩性为碎石土，碎石含量约80%，粒径为10～20cm，扩散角约115°，堆积结构松散。堆积扇上有一连连部营房和国防公路通过（图3.55）。

2. 物源条件

该泥石流物源主要包括崩滑物源点10处（滑坡2处、崩塌8处）、沟道物源点1处、坡面侵蚀物源点2处、坡积物源点3处，共计16处，松散固体物源总量为43.2万m^3，其中可参与泥石流活动的动储量为7.48万m^3（表3.3）。

图 3.55　托云牧场一连 N4 泥石流堆积区全貌

表 3.3　托云牧场一连 N4 泥石流物源情况统计表

编号	类型	稳定性	物源总量/万 m³	物源动储量/万 m³	补给方式
H1	滑坡堆积物源	欠稳定-基本稳定	1.7	0.5	洪水或泥石流裹挟、坡面冲刷
H2	滑坡堆积物源	欠稳定-基本稳定	1.3	0.4	洪水或泥石流裹挟、坡面冲刷
B1	崩塌堆积物源	欠稳定-不稳定	0.2	0.05	崩塌、洪水或泥石流裹挟、坡面冲刷
B2	崩塌堆积物源	欠稳定-不稳定	0.1	0.05	崩塌、洪水或泥石流裹挟、坡面冲刷
B3	崩塌堆积物源	欠稳定-不稳定	0.1	0.05	崩塌、洪水或泥石流裹挟、坡面冲刷
B4	崩塌堆积物源	欠稳定-不稳定	0.2	0.06	崩塌、洪水或泥石流裹挟、坡面冲刷
B5	崩塌堆积物源	欠稳定-不稳定	0.3	0.07	崩塌、洪水或泥石流裹挟、坡面冲刷
B6	崩塌堆积物源	欠稳定-不稳定	0.15	0.05	崩塌、洪水或泥石流裹挟、坡面冲刷
B7	崩塌堆积物源	欠稳定-不稳定	0.23	0.07	崩塌、洪水或泥石流裹挟、坡面冲刷
B8	崩塌堆积物源	欠稳定-不稳定	0.32	0.08	崩塌、洪水或泥石流裹挟、坡面冲刷
G01	沟道堆积物源		3.2	0.8	沟床揭底冲刷
P01	坡面侵蚀物源		1.1	0.7	坡面侵蚀
P02	坡面侵蚀物源		0.8	0.3	坡面侵蚀
PJ01	坡积物源		5.2	0.5	坡面侵蚀，沟岸滑塌
PJ02	坡积物源		2.3	0.3	坡面侵蚀，沟岸滑塌
PJ03	坡积物源		26	3.5	
合计			43.2	7.48	

（1）崩滑堆积物源

崩滑堆积物源是该泥石流的主要物源之一，包括 8 处崩塌和 2 处滑坡，崩滑堆积固体物源总量为 4.6 万 m^3，可能参与泥石流活动的动储量为 1.38 万 m^3。崩塌、滑坡主要发生于地形陡峭的浅表部基岩裸露区，两岸地形陡峭，裸露岩体在风化、卸荷及暴雨等作用下，岩体完整性、稳定性变差（图 3.56）。

图 3.56　托云牧场一连 N4 泥石流崩滑堆积物源

该沟崩滑物源参与泥石流活动的方式主要包括两种。

1）崩滑堆积物在暴雨期间，受面流冲刷携带进入沟道，直接参与并启动泥石流的形成。大部分崩滑堆积物堆积十分松散，极易在外界扰动下发生滑动。因此暴雨条件形成的面流冲刷汇集进入沟道，参与泥石流运动，是该沟泥石流启动的主要方式。

2）崩滑堆积物位于沟道内的，在暴雨洪水或泥石流冲刷下，堆积体崩滑破坏、被冲刷裹挟而参与泥石流活动。可参与泥石流活动的物质主要为进入沟道内崩滑直接转化为泥石流或可能被洪水冲切带走的部分。视其对沟道的堵塞情况及堆积坡度和稳定性、堆积物颗粒特征和结构差异、胶结程度的差异，其可能参与泥石流活动的物源量需要具体估算分析。

（2）沟道堆积物源

沟道堆积物源主要为以往泥石流发生后残留在沟道内的堆积物质，沿沟连续分布于形成流通区段（图 3.57）。经估算，该沟沟道物源总量为 3.2 万 m³，可能参与泥石流运动的物源为 0.8 万 m³。

图 3.57　托云牧场一连 N4 泥石流沟道堆积物源

　　沟道堆积物源参与泥石流活动的方式主要为沟谷下切侵蚀和侧缘侵蚀，其可参与泥石流活动的物源量主要为沟底拉槽下切可能掏蚀的部分，以及拉槽下切后两侧岸坡可能失稳进而参与泥石流活动的部分。因而，其可参与泥石流活动的动储量主要取决于沟道冲刷深度和可能冲刷的宽度，而冲刷深度又由沟道形态特征、宽度、纵坡降、水力条件、堆积物颗粒级配及结构特征等决定。

　　由于该泥石流物源补给方式与传统泥石流物源补给方式有很大不同，物源动储量的启动方式与传统的启动方式也有很大变化。沟道堆积物源动储量的启动模式主要由沟谷下切侵蚀和侧缘侵蚀崩塌构成，参考乔建平研究员的泥石流物源动储量统计方法进行估算。

　　（3）坡面侵蚀物源

　　沟内两岸斜坡多为第四系坡积物，结构较为松散，在雨水的冲刷作用下形成泥石流发育的物源（图 3.58）。

　　坡面侵蚀物源是指流域内距离沟道较远坡面上的堆积物，由于结构疏松，抗蚀力弱，遇坡面水流冲蚀易发生水土流失而进入沟道，形成泥石流物源。岩土体侵蚀主要发生在沟壑坡度较大的地带，此地带一般植被覆盖率低，沟床坡降大，沟底跌水坎多，降水很快在

图 3.58　托云牧场一连 N4 泥石流坡面侵蚀物源

地表汇集成股状水流强烈冲刷谷坎、沟床，并沿跌水坎进行溯源侵蚀。虽然坡面岩土体侵蚀方量往往较小，但也构成了泥石流的部分物源。坡面侵蚀物源的不稳定储量一般在总储量中按照一定比例折减，折减系数一般为 10% ~ 40%。

　　根据工程经验，在谷坡较高地段的坡面侵蚀物源多为大粒径的块石或巨石，由于坡面汇水较小，且坡度较缓，故不易启动；在中低高程地段，一般坡度较陡，坡面主要是块石土、角砾土混合堆积的崩坡积层。相对于细颗粒，粗颗粒物质较难启动，通过现场筛分试验和调查，该区块碎石土中粒径小于 20cm 的物质占总量的 30% ~ 40%，安全起见，坡面物源动储量占总物源量的比例不超过 40%。故而结合现场调查综合考虑，其不稳定储量结合堆积物所处位置、密实度等情况略有浮动（表 3.4）。

表 3.4　托云牧场一连 N4 泥石流坡面侵蚀物源不稳定储量估算表　　　（单位：%）

植被覆盖情况	高高程			低高程		
	松散	中密	密实	松散	中密	密实
无植被	20	10	5	40	20	5
覆盖率较低	10	5	0	30	10	0
覆盖率较高	5	0	0	15	5	0

该泥石流沟流域内坡面侵蚀物源总量为 1.9 万 m^3，可能参与泥石流活动的动储量为 1.0 万 m^3。

3. 水源条件

泥石流区降水量时空分布不均匀。在空间上随地势升高而增多，垂直分布明显。降水日数也随海拔的升高而增多。多年平均降水量为 230mm。每年的 5~8 月为相对集中降水期，降水量为 133.4mm，占全年降水量的 58%。

虽然区内年降水量很小，但每年 5~8 月雨季多发短时集中暴雨，导致泥石流频发。同时，短时暴雨后沟谷内水流迅速汇集，形成泥石流，但冲出量不大，雨停后又迅速疏干，故泥石流"来也快、去也快"。

(三) 泥石流基本特征

1. 泥石流灾害史及灾情、危害性分析

(1) 泥石流灾害史及灾情

访问附近居民得知，泥石流在每年汛期均有不同程度的暴发，有两次泥石流规模较大，直接威胁一连营房及公路安全，且泥石流活动较为频繁，属高频泥石流。泥石流沟内物源发育，沟道狭窄，一旦遇到暴雨等不利情况，发生崩滑地质灾害堵塞沟道，泥石流规模有增大的可能，危害性也相应增大，为一连驻地附近威胁最大的灾害点。

(2) 泥石流危险区范围及险情

泥石流危险区范围主要为托云牧场一连连部营房及国防公路，威胁约 120 人，威胁资产约 1000 万元以上。

2. 泥石流各区段冲淤特征

(1) 形成流通区冲淤特征

形成流通区整体表现以冲为主的特征。形成流通区的冲淤特征视不同沟段和沟道特征的差异而表现出下切和侧蚀能力。因降水量及其分布的不同、沟道内洪水或泥石流流量的差异，其冲淤现象也会出现一定的差异。总体上看，形成流通区上段冲淤特征表现为以强烈冲刷为主的特点，沟道下切侵蚀，呈"V"型断面；下段（坡度由陡变缓段）表现为以冲为主、局部淤积的特点（图 3.59）。

(2) 堆积区冲淤特征

堆积区沟道平均纵坡降在 115‰ 左右，地形平缓，这种条件决定该沟段为以淤为主的特点（图 3.60）。

3. 泥石流发生频率和规模

(1) 按泥石流暴发频率划分

泥石流的发育、发生、发展与流域的生态环境和地质环境的变化有直接的关系。根据该沟历年来泥石流发育情况及流域内生态环境和地质环境的变迁情况，加之流域物源的增

多，随着降水量的逐年增大，该泥石流沟目前正处于易发阶段。泥石流灾害的威胁在将来较长的一段时间内还将继续存在和发展，短期内会转化为高频泥石流。

图 3.59　托云牧场一连 N4 泥石流　　　　　图 3.60　托云牧场一连 N4 泥石流
形成流通区冲淤特征　　　　　　　　堆积区冲淤特征

（2）按泥石流活动规模划分

随着物源量的增多，且活动性增强，该沟泥石流进入活跃期，形成泥石流的可能性和频率均有大幅度增加，主沟形成 20 年一遇的泥石流以小规模为主。

根据断实测面资料和水文资料推测，按泥石流暴发规模分类表衡量，该沟属中型泥石流沟。

4. 泥石流的成因机制和引发因素

该泥石流主要为短时集中降雨所激发。崩塌松散固体物质在降雨渗透湿化作用下，结构强度降低，在重力分力作用下崩滑破坏而起动并发展为泥石流，其比重较大，冲击侵蚀能力较强。快速掏蚀沟岸坡脚，发生垮塌，沿沟松散物源迅速补充至泥石流中。下蚀作用，原沟底的松散堆积物也进入泥石流中，导致流体中固体物质含量迅速增多。

丰富的松散固体物质在降雨水动力的作用下沿着低洼区域形成径流，大量固体物质和水流汇集到主沟中，快速运动的块石、碎石流不断侵蚀沟道两侧的松散物质，被侵蚀的固体物质不断补给到沟道内，流量不断增加，在势能的作用下沿着沟道向下游运移，雨水及固体物质在运动过程中不断碰撞及搅拌并形成稠状的泥石流，对沟口一连营地、公路及过往车辆造成危害。

（四）泥石流基本特征值的计算

由于缺乏该泥石流监测资料，泥石流基本特征值的计算主要参照和利用野外调查和访问获取的泥位、沟道断面特征等进行，计算指标的确定主要根据拟设泥石流治理工程的需要，除对泥石流重度、流速、流量、一次冲出量、一次固体冲出物质总量等常规指标计算外，还结合拟建工程部位特点，对拟设拦挡工程部位和导流堤位置泥石流整体冲压力、爬高和最大冲起高度等进行计算和校核。

1. 泥石流重度

（1）现场配浆方法

现场 3 处配浆点位于泥石流沟出山口和沟口堆积扇上，采取泥石流堆积物配合沟水搅拌泥石流浆体，经询问曾见过泥石流发生性状的村民有 5 人，将浆体搅拌成当时泥石流浆体浓度并进行称重，量测浆体体积，计算其重度作为泥石流重度，其计算公式为

$$\gamma_c = \frac{G_c}{V} \tag{3.1}$$

式中，γ_c 为泥石流重度，t/m^3；G_c 为配制泥浆重量，t；V 为配制泥浆体积，m^3。

计算结果见表 3.5，泥石流样品性状肯定人数最多的是样品 1，实测样品密度为 $1.51t/m^3$。

表 3.5 托云牧场一连 N4 泥石流重度配方法计算表

样品编号	样品的总质量（G_c）/t	相同体积水的总质量（G_w）/t	肯定人数	否定人数	泥石流重度（γ_c）/（t/m^3）
1	0.020	0.0146	5	0	1.51
2	0.029	0.0162	4	1	1.56
3	0.024	0.0145	3	2	1.46

（2）综合取值

按照《泥石流灾害防治工程勘查规范》（DZ/T0220—2006）之附录 H 填写泥石流调查表，按附录 G 进行易发程度评分，按附表 G.2 确定该泥石流沟及其主要支沟泥石流重度和泥沙修正系数（表 3.6）。

表 3.6 托云牧场一连 N4 泥石流重度查表法结果统计表

易发程度数量化评分	易发程度评价	γ_c/（t/m^3）	$1+\varphi$（$\gamma_H = 2.65$）
100	易发	1.558	1.511

注：φ 为泥石流泥沙修正系数；γ_H 为泥石流中固体颗粒重度。

配浆方法只能对已发生过且有人目击的泥石流进行测定，且测定结果只能代表当时的一次泥石流发生的结果，而查表法是在现状调查的基础上带预测性的重度值结果，可作为该泥石流设计的依据。

根据上述分析，泥石流重度取 $1.558t/m^3$，$1+\varphi = 1.511$。

2. 泥石流流量

为满足泥石流调查评价及防治工程设计的需要，本次在拟建工程和沟口（1#、3#剖面）选择了两个断面进行泥石流流量计算。

（1）暴雨洪水流量计算

按照泥石流与暴雨同频率、同步发生计算断面的暴雨洪水设计流量全部转变成泥石流流量。首先按水文方法计算出断面不同频率下的小流域暴雨洪峰流量，然后选用堵塞系

数，进行泥石流流量计算。

（2）频率为 P 的暴雨洪水流量计算（Q_p）

由于缺乏必要的流域资料，按推理公式计算地表水汇水流量，频率为 P 的暴雨洪峰流量（Q_p）按下式计算：

$$Q_p=0.278 \cdot \Psi \cdot i \cdot F=0.278 \cdot \Psi \cdot \frac{S}{\tau^n} \cdot F \qquad (3.2)$$

式中，Q_p 为频率为 P 的暴雨洪水流量，m^3/s；Ψ 为洪峰径流系数；F 为汇水面积，km^2；S 为暴雨雨强，mm/h；i 为最大暴雨强度，mm/h；n 为暴雨公式指数；τ 为流域汇水时间，h。

计算结果见表 3.7。

表 3.7　托云牧场一连 N4 泥石流暴雨洪水流量计算结果表

剖面	计算频率/%	$S/(mm/h)$	F/km^2	L/km	Ψ	τ/h	$Q_p/(m^3/s)$
1#剖面	5	31.50	1.30	2.23	0.95	0.66	12.98
1#剖面	2	38.70	1.30	2.23	0.96	0.61	16.11
1#剖面	1	46.80	1.30	2.23	0.97	0.55	19.69
3#剖面	5	31.50	1.08	1.94	0.94	0.65	10.67
3#剖面	2	38.70	1.08	1.94	0.95	0.61	13.25
3#剖面	1	46.80	1.08	1.94	0.96	0.54	16.19

（3）频率为 P 的泥石流峰值流量

频率为 P 的泥石流峰值流量计算公式：

$$Q_c=(1+\varphi) \cdot Q_p \cdot Q_c \qquad (3.3)$$

式中，Q_c 为频率为 P 的泥石流峰值流量，m^3/s；Q_p 为频率为 P 的暴雨洪水流量，m^3/s；φ 为泥石流泥沙修正系数，$\varphi=(\gamma_c-\gamma_w)/(\gamma_H-\gamma_c)$，$\gamma_w$ 为水的重度，t/m^3；D_c 为泥石流堵塞系数，据查表法，取 1.5。

计算结果见表 3.8。

表 3.8　托云牧场一连 N4 泥石流主要控制断面泥石流峰值流量计算结果表

剖面	计算频率/%	$1+\varphi$	$Q_p/(m^3/s)$	D_c	$Q_c/(m^3/s)$
1#剖面	5	1.511	12.98	1.5	29.42
1#剖面	2	1.511	16.11	1.5	36.51
1#剖面	1	1.511	19.69	1.5	44.63
3#剖面	5	1.511	10.67	1.5	24.18
3#剖面	2	1.511	13.25	1.5	30.03
3#剖面	1	1.511	16.19	1.5	36.69

3. 泥石流流速

按以下公式计算泥石流流速：

$$v_c = \frac{1}{[\gamma_H \varphi + 1]^{\frac{1}{2}}} m_c R^{\frac{2}{3}} I^{\frac{1}{2}} \tag{3.4}$$

式中：v_c 为泥石流流速，m/s；γ_H 为泥石流中固体颗粒重度，t/m³，按规范推荐值取 2.65t/m³；φ 为泥沙修正系数，具体取值情况见表 3.9；m_c 为巴克诺夫斯基糙率系数（表 3.10），根据实际情况取平均值 10.5；R 为水力半径，m；I 为泥石流水面坡度或沟床纵坡降，‰。

表 3.9　泥石流泥沙修正系数 φ 取值表

方法	公式计算法 $\left(\varphi = \frac{\gamma_c - 1}{\gamma_H - \gamma_c}\right)$	经验查表法（规范）
参数说明	γ_c 为泥石流重度；γ_H 为固体颗粒重度	$\gamma_c = 1.558t/m^3$；$\gamma_H = 2.65t/m^3$
参数取值	$\gamma_c = 1.558t/m^3$；$\gamma_H = 2.65t/m^3$	
计算结果	0.511	0.529

表 3.10　巴克诺夫斯基糙率系数（m_c）表

类别	沟槽特征	m_c 值 极限值	m_c 值 平均值	纵坡降
2	糙率较大的不平整的泥石流沟槽。沟槽无急剧突起，沟槽内堆积大小不等的石块，沟槽被树木阻塞，沟槽内两侧有草本植物，沟床不平整，有洼坑，沟底呈阶梯式降落	4.5 ~ 7.9	5.5	0.199 ~ 0.067
3	较弱的泥石流沟槽，但有大的阻力。沟槽由滚动的砾石和卵石组成。沟槽常因稠密的灌丛而被严重阻塞，沟槽凹凸不平，表面因大块石而突起	5.4 ~ 7.9	6.6	0.187 ~ 0.116
4	流域在山区的中下游泥石流河段的河槽。河槽经过光滑的岩石，有时经过大小不等的阶梯的河床。河槽阻塞较弱，但在宽阔段阻塞厉害，阻塞物系树木与中等大小可滚动的砂石，无水生植物	7.0 ~ 10.0	8.8	0.220 ~ 0.112
5	流域在山区及近山区的河槽。河槽经过砾石卵石河床，由中小粒径与能完全滚动的材料所组成。河槽阻塞轻微，河岸有草本及木本植物	9.8 ~ 17.5	12.9	0.090 ~ 0.022

计算结果见表 3.11。

表 3.11　托云牧场一连 N4 泥石流流速计算结果表

剖面	计算频率/%	φ	m_c	R/m	I/‰	v_c/(m³/s)
1#剖面	5	0.511	10.5	1.10	157	2.89
1#剖面	2	0.511	10.5	1.20	157	3.06
1#剖面	1	0.511	10.5	1.33	157	3.28
3#剖面	5	0.511	10.5	1.09	286	3.88
3#剖面	2	0.511	10.5	1.20	286	4.13
3#剖面	1	0.511	10.5	1.30	286	4.36

4. 泥石流一次冲出量

根据泥石流历时 $T(s)$ 和峰值流量 $Q_c(m^3/s)$，按泥石流暴涨暴落的特点，将其过程概化成五角形，按下式计算泥石流一次冲出量

$$Q = K \cdot T \cdot Q_c \tag{3.5}$$

式中，K 值的变化随流域面积（F）的大小而变化；当 $F<5km^2$ 时，$K=0.202$；当 $5km^2<F<10km^2$ 时，$K=0.113$；当 $10km^2<F<100km^2$ 时，$K=0.0378$；T 为泥石流持续时间，s，出于设计保守按 20min 计算，即 1200s。

计算结果见表 3.12。

表 3.12 托云牧场一连 N4 泥石流一次冲出量计算结果表

剖面	计算频率/%	K	$Q_c/(m^3/s)$	T/min	Q/m^3
1#剖面	5	0.202	29.42	20	7131.41
1#剖面	2	0.202	36.51	20	8850.02
1#剖面	1	0.202	44.63	20	10818.31
3#剖面	5	0.202	24.18	20	5861.23
3#剖面	2	0.202	30.03	20	7279.27
3#剖面	1	0.202	36.69	20	8893.66

5. 泥石流一次固体冲出物质总量

泥石流一次固体冲出物质总量（Q_H）计算公式如下：

$$Q_H = Q(\gamma_c - \gamma_w)/(\gamma_H - \gamma_w) \tag{3.6}$$

式中，γ_H 为泥石流固体颗粒重度，t/m^3，取值 2.65；γ_c 为泥石流重度，t/m^3；γ_w 为水重度，t/m^3。

计算结果见表 3.13。

表 3.13 托云牧场一连 N4 泥石流一次固体冲出物质总量计算结果表

剖面	计算频率/%	Q/m^3	$\gamma_c/(t/m^3)$	$\gamma_w/(t/m^3)$	$\gamma_H/(t/m^3)$	Q_H/m^3
1#剖面	5	7131.41	1.558	1.0	2.65	2411.13
1#剖面	2	8850.02	1.558	1.0	2.65	2992.19
1#剖面	1	10818.31	1.558	1.0	2.65	3657.67
3#剖面	5	5861.23	1.558	1.0	2.65	1981.68
3#剖面	2	7279.27	1.558	1.0	2.65	2461.12
3#剖面	1	8893.66	1.558	1.0	2.65	3006.95

6. 泥石流冲击压力

计算公式如下：

$$\sigma = \lambda \cdot \gamma_c \cdot v_c^2 \cdot \sin\alpha / g \tag{3.7}$$

式中，σ 为泥石流冲击压力，kPa；g 为重力加速度，m/s^2；α 为建筑物受力面与泥石流冲压力方向的夹角，(°)；λ 为建筑物形状系数，方形为 1.47，矩形为 1.33，圆形、尖端圆端形为 1；v_c 为泥石流平均流速，m/s。

计算结果见表 3.14。

表 3.14　托云牧场一连 N4 泥石流运动特征值一览表（$P=5\%$）

计算剖面	1#剖面	3#剖面
峰值流量/（m^3/s）	29.42	24.18
一次固体冲出物质总量/m^3	2411.13	1981.68
平均流速/（m^3/s）	2.89	3.88
冲击压力/kPa	1.28	2.31
爬高/m	0.67	1.20
最大冲起高度/m	0.42	0.75
弯道超高/m	—	0.61

7. 泥石流爬高和最大冲起高度

泥石流遇反坡，由于惯性作用，将沿直线前进的现象称为爬高；泥石流遇阻，其动能瞬间转化为势能，撞击处使泥浆及包裹的石块飞溅起来，称为泥石流的冲起。由于目前沟床内没有人居分布，以往发生过泥石流的痕迹无法调查，也无法通过访问核实，只能以计算值作为依据。

泥石流爬高和最大冲起高度按照《泥石流灾害防治工程勘查规范》（DT/T 0220－2006）附录 I 提供的计算公式进行计算：

$$\Delta H = \frac{v_c^2}{2g} \tag{3.8}$$

$$\Delta H_c = \frac{b v_c^2}{2g} \approx 0.8 \frac{v_c^2}{g} \tag{3.9}$$

式中，ΔH 为泥石流最大冲起高度，m；ΔH_c 为泥石流爬高，m；v_c 为泥石流平均流速，m/s；b 为泥石流迎面坡度的函数。

计算结果见表 3.14。

8. 泥石流弯道超高

泥石流弯道超高指泥石流在沟槽转弯处因凹岸处流速较快，流体增厚，凸岸一侧流速较慢，流体变薄而产生超高的现象，当凹岸为陡壁时将对凹岸产生强大的侵蚀作用。

弯道超高计算公式：

$$\Delta H' = 2.3 \frac{v_c^2}{g} \lg \frac{R_2}{R_1} \tag{3.10}$$

式中，$\Delta H'$ 为弯道超高，m；R_2 为凹岸曲率半径，m；R_1 为凸岸曲率半径，m；v_c 为流速，m/s；g 为重力加速度，m/s^2。

计算结果见表 3.14。

（五）降水量对泥石流的影响

研究降水量对泥石流峰值流量、一次冲出量、一次固体冲出物质总量的影响。

1）降水量对泥石流峰值流量的影响见图 3.61。在降水量较小时，泥石流峰值流量较小，随着降水量逐渐增大，泥石流峰值流量的增长速度也越来越快，在降水量大于 25mm/h 时，泥石流峰值流量的增长速度趋于稳定。

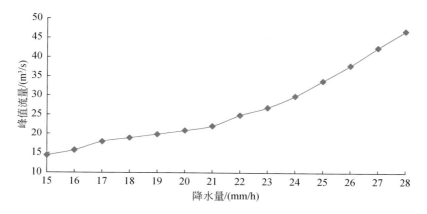

图 3.61 托云牧场一连 N4 泥石流降水量对峰值流量的影响曲线图

2）降水量对泥石流一次冲出量的影响见图 3.62。在降水量较小时，泥石一次冲出量较小且增长速度缓慢，随着降水量逐渐增大，泥石流一次冲出量逐渐增大且增长速度也越来越快。

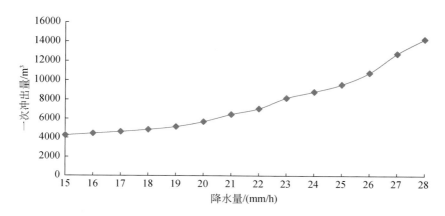

图 3.62 托云牧场一连 N4 泥石流降水量对一次冲出量的影响曲线图

由图 3.63 可以看出，降水量对泥石流一次固体冲出物质总量的影响，在降水量较小时，泥石流一次固体冲出物质总量较小且增长速度较慢，随着降水量逐渐增大，泥石流一次固体冲出物质总量的增长速度也越来越快，在降水量大于 25mm/h 时，泥石流一次固体冲出物质总量的增长速度逐渐减缓。

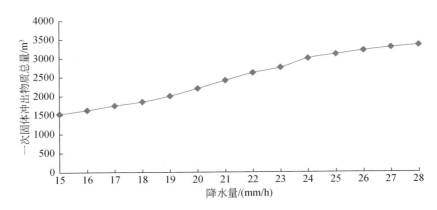

图 3.63　托云牧场一连 N4 泥石流降水量对一次固体冲出物质总量的影响曲线图

（六）泥石流数值模拟

采用 FLO-2D 软件对泥石流进行模拟，获得泥石流最大水面高程、最大厚度、最大速度和危险性分级等特征数据（图 3.64）。

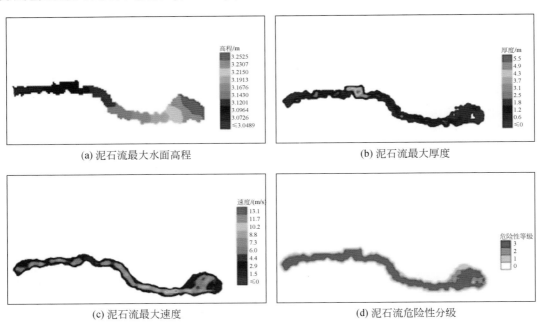

图 3.64　托云牧场一连 N4 泥石流 FLO-2D 模拟特征参数图

（七）泥石流危害程度判别

1. 泥石流活动危险程度或灾害发生概率判别

该泥石流为暴雨泥石流，暴雨泥石流活动危险程度或灾害发生概率的判别式：

危险程度或灾害发生概率（D）=泥石流致灾能力（F）/受灾体的承（抗）灾能力（E）　　（3.11）

其中：

$D<1$，受灾体处于安全状态，成灾可能性小；

$D>1$，受灾体处于危险状态，成灾可能性大；

$D\approx1$，受灾体处于灾变的临界工作状态，成灾与否的概率各占50%，要警惕可能成灾部分。

泥石流的综合致灾能力（F）按表3.15中4个因素分级量化总分值判别：$F=13\sim16$，综合致灾能力很强；$F=10\sim12$，综合致灾能力强；$F=7\sim9$，综合致灾能力较强；$F=4\sim6$，综合致灾能力弱。

托云牧场一连 N4 泥石流致灾能力 $F=9$，其综合致灾能力较强。

表3.15　泥石流致灾体的综合致灾能力（F）分级量化表

指标	量化分值4	量化分值3	量化分值2	量化分值1
活动强度①	很强	强	较强	弱
活动规模②	特大型	大型	中型	小型
发生频率③	极低频	低频	中频	高频
堵塞程度④	严重	中等	较微	无堵塞

受灾体（建筑物）的综合承（抗）灾能力（E）按表3.16中4个因素分别量化总分值判别：$E=4\sim6$，综合承（抗）灾能力很差；$E=7\sim9$，综合承（抗）灾能力差；$E=10\sim12$，综合承（抗）灾能力较好；$E=13\sim16$，综合承（抗）灾能力好。

托云牧场一连 N4 泥石流综合承灾能力 $E=7$，其综合承灾能力差。

表3.16　泥石流受灾体（建筑物）的综合承（抗）灾能力（E）分级量化表

指标	量化分值4	量化分值3	量化分值2	量化分值1
设计标准	>50年一遇	20～50年一遇	5～20年一遇	<5年一遇
工程质量	良好	合格	合格但有隐患	较差，有严重隐患
区位条件	安全区	影响区	危险区	极危险区
防治工程和辅助工程的使用效果	较好	存在大部分问题	存在较大问题	较差或工程失败

2. 泥石流活动危险性评估

按泥石流活动危险程度或灾害发生概率判别式判别结果，托云牧场一连 N4 泥石流活动危险程度或灾害发生概率（*D*）>1，表明受灾体处于危险工作状态，成灾可能性大，该泥石流沟属于危险性等级大的泥石流沟。

（八）泥石流发展趋势分析

1. 泥石流易发程度分析与评价

泥石流所处的发展阶段，即发生频率、规模和沟谷的演变等，与满足泥石流形成的地形、水源和物源条件等密切相关。所以，流域的演化特征是泥石流的发育程度、潜在危害能力和发展趋势规律研究和减灾规划决策的重要依据，因而也是划分泥石流活动状况与发展趋势的主要指标。

托云牧场一连 N4 泥石流呈发展期地貌特征，主沟侵蚀速度快，崩滑堆积物覆盖表层，作为泥石流固相物质的重要补给来源之一，为泥石流活动提供了大量物源补给。形成流通区以崩滑堆积物覆盖整个流域，其稳定性差，动储量比例高。区内松散物源的活动性较强，不良地质现象发育，且激发雨量较小。根据泥石流沟的发育特征判别，该泥石流所处发展阶段为发展期。

根据泥石流流域基本特征和参数，按照《泥石流灾害防治工程勘查规范》（DT/T 0220—2006）附录 G "泥石流沟的数量化综合评判及易发程度等级标准"，泥石流易发程度分为极易发、易发、轻度易发和不易发 4 个等级，其中易发程度综合评分≥116 分为极易发；87～115 分为易发；44～86 分为轻度易发；≤43 分为不易发。

根据易发程度数量化评分结果，泥石流的综合评分为 100 分，易发。

2. 泥石流的发生频率和发展阶段

根据现场调查和泥石流特征值估算，该泥石流沟主沟形成 20 年一遇的泥石流以小规模稀性泥石流为主。

从沟谷地貌发育来看，该泥石流沟正处于青年发育阶段，其特点是沟道切割强烈，呈"V"型谷，沟床纵比降陡，沟坡坡度大，具备泥石流发生的地形地貌条件；从物源发育来看，流域内有崩坡积物构成的崩滑体和沿沟松散物源大量分布，且受极端降雨的影响，松散物源的活动性增强，可能参与泥石流活动的松散固体物源量较为丰富，现沟内可参与泥石流活动的固体物源动储量达 7.48 万 m³；从水源条件来看，山区降雨集中，导致激发泥石流的临界雨强可能降低。综上所述，托云牧场一连 N4 泥石流近期的暴发频率可能增加，*P*=5% 泥石流规模 20 年内发生 3 次，具备发生较大规模泥石流的条件。

目前，该泥石流属高频泥石流，所处发展阶段为发展期。

3. 泥石流发展趋势预测

根据前述对泥石流成因机制和引发因素的分析，该泥石流沟属暴雨沟谷型泥石流，泥石流规模主要与流域内松散固体物源的累计和动态变化情况及与引发泥石流的暴雨情况相关，当流域内松散固体物源累计较多，且遇到集中暴雨时，可能会暴发较大规模的泥石流。

二、托云牧场二连 N6 泥石流成灾机理分析

（一）概况

托云牧场二连 N6 泥石流位于铁列克河左岸，二连驻地下游，距二连驻地约 800m，东经 75°46′47.3″、北纬 40°09′20.9″，沟口堆积扇下方有国防公路通过（图 3.65）。

图 3.65　托云牧场二连 N6 泥石流三维影像图

泥石流地处剥蚀构造高山区，山顶浑圆状，海拔为 2900～4100m，相对高差为 200～1000m。少见常年积雪，山坡碎石覆盖，部分基岩裸露，局部沟谷流水侵蚀作用强烈，"V"型谷发育。

（二）泥石流形成条件分析

1. 地形地貌条件

泥石流沟域面积为 1.17km²，流域最大相对高差为 640m，主沟长度为 2.03km，沟谷平均纵坡降为 315‰（图 3.66）。

泥石流沟域形态上呈不规则、不对称的长条形，两岸斜坡坡度为 30°～70°，"V"型谷，特别是中游和上游沟段沟谷极为狭窄，以冲槽为主，纵坡较陡，水流湍急。沟域内≥35°的坡地面积达 0.55km²，占流域总面积的 47.0%，即流域内主要以陡坡为主，沟谷纵

图 3.66　托云牧场二连 N6 泥石流全貌

坡降较大，特别是主沟上、中游段纵坡降多在 600‰以上，为滑坡、崩塌等不良地质现象的发育提供了有利的临空条件，为松散固体物质的搬运和参与泥石流活动提供了有利的地形势能条件。

泥石流沟域划分为清水区、形成流通区和堆积区（表 3.17）。

表 3.17　托云牧场二连 N6 泥石流流域内各沟道情况一览表

指标	最低高程/m	最高高程/m	高差/m	沟长/m	平均纵坡降/‰
主沟	2912	4152	1240	2030	315
清水区	3700	4152	452	635	781
形成流通区	3014	3700	686	1067	386
堆积区	2912	3014	102	178	115

（1）清水区的地形地貌条件

泥石流清水区主沟高程为 3700～4152m，高差为 452m，沟长为 635m，平均纵坡降为 781‰（表 3.17，图 3.67）。该区沟谷较为狭窄，呈"V"型，沟道较为顺直，谷坡坡度多在 50°以上，整体稳定性较好。区内基岩大面积裸露，分水岭处地形陡峭，呈圈椅状，汇水功能明显。

（2）形成流通区地形地貌条件

形成流通区沟道高程为 3014～3700m，高差为 686m，该段沟长为 1067m，平均纵坡降为 386‰（表 3.17）。该区沟道断面较为狭窄，呈近"V"型深切冲槽特征。上游段沟顶宽 8～10m，槽底宽约 2.5m，坡度为 45°，下游段沟道束窄，整体沟道顺直，具陡缓交替的空间特征（图 3.68、图 3.69）。

图 3.67　托云牧场二连 N6 泥石流清水区地形地貌条件

图 3.68　托云牧场二连 N6 泥石流
形成流通区地形地貌特征

图 3.69　托云牧场二连 N6 泥石流
沟道中跌水坎特征

形成流通区松散固体物质丰富，特别是崩滑物源，活动性极强，最容易启动形成泥石流。泥石流在运动过程中，不断侵蚀沟岸和冲刷沟床，沟道堆积物、岸坡坍塌物及部分滑坡物都将成为泥石流的固体物质强力补给源。这些物源并非全部会参与泥石流活动，且不会一次补给产流，而是逐次补给，多次参与泥石流活动，泥石流活动频率大。

该泥石流沟形成流通区的地形地貌条件及地质结构特征决定其成为泥石流除形成区外的主要松散固体物源分布区。同时，山高坡陡的特点也为这些松散固体物源易于参与泥石流活动，为泥石流的形成提供了有利条件。

（3）堆积区的地形地貌条件

泥石流堆积区沟道高程为 2912～3014m，高差为 102m，堆积区沟长约 178m，平均纵坡降为 115‰（表 3.17）。堆积区呈不规则扇形，前缘抵达国防公路前方，扇尾狭窄细长，而向国防公路处逐渐离散开，犹如围裙覆盖在公路上方。扇形长 100m 左右、宽 180m 左右，岩性为碎石土，碎石含量约 80%，粒径为 10～20cm，扩散角约 105°，扇顶至扇缘主轴坡降为

153‰，沟口至铁列克河距离约 117m，堆积结构松散，堆积区有居民点，并有国防公路通过（图3.70）。

图 3.70　托云牧场二连 N6 泥石流堆积区全貌

由于泥石流距离铁列克河相对较远，地形骤然变缓，流体受阻明显，停积在此，且堆积区物质基本不会参与泥石流活动，更有利于泥石流物质的淤积，堆积淤高后，目前泥石流已威胁到公路安全。

2. 物源条件

泥石流共分布 16 处物源点，其中崩塌物源 7 处、滑坡物源 4 处、沟道物源点 1 处、坡面侵蚀物源点 2 处、坡积物源点 2 处，松散固体物源量为 82.12 万 m³，其中可参与泥石流活动的动储量为 29.08 万 m³（表3.18）。

表 3.18　托云牧场二连 N6 泥石流物源情况统计表

编号	类型	稳定性	物源总量/万 m³	物源动储量/万 m³	补给方式
H1	滑坡堆积物源	欠稳定–基本稳定	12.7	4	洪水或泥石流裹挟、坡面冲刷
H2	滑坡堆积物源	欠稳定–基本稳定	5.6	3.5	洪水或泥石流裹挟、坡面冲刷
H3	滑坡堆积物源	欠稳定–基本稳定	7.5	5.5	洪水或泥石流裹挟、坡面冲刷
H4	滑坡堆积物源	欠稳定–基本稳定	18.5	7	洪水或泥石流裹挟、坡面冲刷
B1	崩塌堆积物源	欠稳定–不稳定	1.2	0.4	崩塌、洪水或泥石流裹挟、坡面冲刷
B2	崩塌堆积物源	欠稳定–不稳定	6.5	1.2	崩塌、洪水或泥石流裹挟、坡面冲刷
B3	崩塌堆积物源	欠稳定–不稳定	0.9	0.4	崩塌、洪水或泥石流裹挟、坡面冲刷
B4	崩塌堆积物源	欠稳定–不稳定	0.7	0.25	崩塌、洪水或泥石流裹挟、坡面冲刷
B5	崩塌堆积物源	欠稳定–不稳定	9.2	1.7	崩塌、洪水或泥石流裹挟、坡面冲刷
B6	崩塌堆积物源	欠稳定–不稳定	0.35	0.18	崩塌、洪水或泥石流裹挟、坡面冲刷

续表

编号	类型	稳定性	物源总量 /万 m³	物源动储量 /万 m³	补给方式
B7	崩塌堆积物源	欠稳定–不稳定	1.9	0.5	崩塌、洪水或泥石流裹挟、坡面冲刷
G01	沟道堆积物源		0.45	0.4	沟床揭底冲刷
P01	坡面侵蚀物源		1.32	0.8	坡面侵蚀
P02	坡面侵蚀物源		0.4	0.25	坡面侵蚀
PJ01	坡积物源		12.6	2.5	坡面侵蚀，沟岸滑塌
PJ02	坡积物源		2.3	0.5	坡面侵蚀，沟岸滑塌
合计			82.12	29.08	

（1）崩滑堆积物源

崩滑堆积物源是泥石流的主要物源之一，沟域内共发育崩塌堆积物 7 处和滑坡灾害体 4 处，共 11 处崩滑物源，固体物源总量为 65.05 万 m³，可能参与泥石流活动的动储量为 24.63 万 m³（图 3.71）。

图 3.71　托云牧场二连 N6 泥石流 B2 崩滑堆积物源

（2）沟道堆积物源

沟床堆积物源主要为以往泥石流发生后残留在沟道内的堆积物质，物源丰富，是泥石流主要补给物源之一（图 3.72）。沟道物源总量为 0.45 万 m³，可能参与泥石流运动的物源为 0.4 万 m³。

（3）坡面侵蚀物源

沟道岸斜坡多为第四系坡积物，结构较为松散，在雨水的冲刷作用下成为泥石流物源，沟域内坡面侵蚀物源总量为 16.62 万 m³，可能参与泥石流活动的动储量为 4.05 万 m³（图 3.73，表 3.19）。

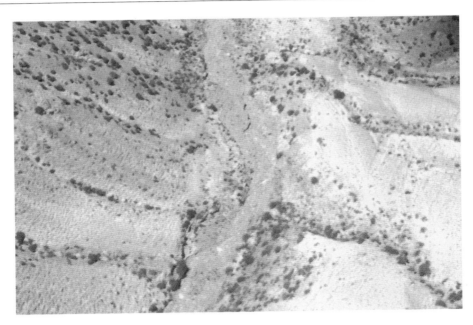

图 3.72　托云牧场二连 N6 泥石流沟道堆积物源

图 3.73　托云牧场二连 N6 泥石流坡面侵蚀物源

表 3.19　托云牧场二连 N6 泥石流坡面侵蚀物源不稳定储量估算表　　（单位:%）

植被覆盖情况	高高程			低高程		
	松散	中密	密实	松散	中密	密实
无植被	20	10	5	40	20	5
覆盖率较低	10	5	0	30	10	0
覆盖率较高	5	0	0	15	5	0

3. 水源条件

泥石流区降水量时空分布不均匀。在空间上随地势升高而增多，垂直分布十分明显。降水日数也随海拔的升高而增多。多年平均降水量为 230mm，每年的 5～8 月为相对集中降水期，降水量为 133.4mm，占全年降水量的 58%。

虽然年降水量很小，但每年 5～8 月雨季多发短时集中暴雨，导致泥石流频发。同时，短时暴雨后沟谷内水流迅速汇集，迅速形成泥石流，但冲出量不大，雨停后又迅速疏干，"来也快、去也快"。

（三）泥石流基本特征

1. 泥石流灾害史及灾情、危险性分析

（1）泥石流灾害史及灾情

访问附近居民得知。该泥石流在每年汛期均有不同程度暴发，有四次泥石流规模较大，直接威胁公路安全，泥石流活动较为频繁，属高频泥石流。泥石流沟内物源发育，沟道狭窄，一旦遇到暴雨等不利情况，发生崩滑地质灾害堵塞沟道，泥石流规模有增大的可能，危害性也相应增大。

（2）泥石流危险区范围及险情

泥石流危险区范围主要为沟口公路及两侧牧点及羊圈，一旦该沟暴发较大规模泥石流，将直接威胁沟口公路及过往车辆的行车安全，威胁资产 100 万元以上。

2. 泥石流各区段冲淤特征

（1）形成流通区冲淤特征

形成流通区整体表现出以冲为主的特征。形成流通区的冲淤特征视不同沟段和沟道特征的差异而表现出下切和侧蚀能力。因降水量及其分布不同，沟道内洪水或泥石流流量的差异，其冲淤现象也会出现一定的差异。总体上看，形成流通区上段表现为强烈以冲为主的特点，沟道下切侵蚀，呈"V"型断面，下段（坡度由陡变缓段）冲淤特征表现为以冲为主、局部淤积的特点。

（2）堆积区冲淤特征

堆积区分布于 3014m 以下的沟段，平均纵坡降在 145‰左右，地形平缓，决定该沟段仍为以淤为主的特点。

3. 泥石流发生频率和规模

（1）按泥石流暴发频率划分

根据历年来泥石流发育情况及流域内生态环境和地质环境的变迁情况，加之流域物源的增多，随着降水量的增大，该泥石流沟目前正处于易发阶段，泥石流威胁在将来较长的一段时间内还将继续存在和发展，属高频泥石流。

（2）按泥石流活动规模划分

随着物源量的增多，且活动性增强，该沟泥石流进入活跃期，形成泥石流的可能性和频率均有大幅度增加，主沟形成 20 年一遇的泥石流以小规模为主。

根据断面实测资料和水文计算推测，按泥石流暴发规模分类表衡量，属小型泥石流沟。

4. 泥石流的成因机制和引发因素

该泥石流主要为短时集中降雨所激发。崩塌松散固体物质在降雨渗透湿化作用下，结构强度降低，在重力分力作用下崩滑破坏而起动并发展为泥石流，其比重较大，冲击侵蚀能力较强。快速掏蚀沟岸坡脚，发生垮塌，沿沟松散物源迅速补充至泥石流中。下蚀作用，原沟底的松散堆积物也进入泥石流中，导致流体中固体物质含量迅速增多。

丰富的松散固体物质在降雨水动力的作用下沿着低洼区域形成径流，大量固体物质和水流汇集到主沟中，快速运动的块石、碎石流不断侵蚀沟道两侧的松散物质，被侵蚀的固体物质不断补给到沟道内，流量不断增加，在势能的作用下沿着沟道向下游运移，雨水及固体物质在运动过程中不断碰撞及搅拌并形成稠状的泥石流，对沟口一连营地、公路及过往车辆造成危害。

（四）泥石流基本特征值的计算

1. 泥石流流体重度

（1）现场配浆方法

现场 3 处配浆点位于泥石流沟出山口和沟口堆积扇上，采用式（3.1）计算。

计算结果见表 3.20，泥石流样品性状肯定人数最多的是样品 1，实测样品密度为 1.56t/m³。

表 3.20　托云牧场二连 N6 泥石流重度配方法计算表

样品号	样品的总质量（G_c）/t	相同体积水的总质量（G_w）/t	肯定人数	否定人数	泥石流重度（γ_c）/（t/m³）
1	0.023	0.0146	5	0	1.56
2	0.026	0.0162	3	2	1.50
3	0.022	0.0145	4	1	1.52

（2）综合取值

按照《泥石流灾害防治工程勘查规范》（DZ/T 0220—2006）之附录 H 填写泥石流调查表，按附录 G 进行易发程度评分，按附表 G.2 确定该泥石流沟及其主要支沟泥石流重度和泥沙修正系数（表 3.21）。

表 3.21　托云牧场二连 N6 泥石流重度查表法结果统计表

易发程度数量化评分	易发程度评价	γ_c/（t/m³）	$1+\varphi$（$\gamma_H = 2.65$）
104	易发	1.566	1.522

根据上述分析，泥石流重度取 1.566t/m³，$1+\varphi=1.522$。

2. 泥石流流量

为满足泥石流调查评价及防治工程设计的需要，本次在拟建工程和沟口（1#、4#剖面）选择了两个断面进行泥石流流量计算。

（1）暴雨洪水流量计算

按照泥石流与暴雨同频率、同步发生计算断面的暴雨洪水设计流量全部转变成泥石流流量。首先按水文方法计算出断面不同频率下的小流域暴雨洪峰流量，然后选用堵塞系数，进行泥石流流量计算。

（2）频率为 P 的暴雨洪水流量计算（Q_p）

按式（3.2）计算频率为 P 的暴雨洪水流量（Q_p）。

计算结果见表 3.22。

表 3.22　托云牧场二连 N6 泥石流暴雨洪水流量计算结果表

剖面	计算频率/%	S/(mm/h)	F/km²	L/km	Ψ	τ	Q_p/(m³/s)
1#剖面	5	31.50	1.10	1.85	0.95	0.66	15.99
1#剖面	2	38.70	1.10	1.85	0.96	0.61	21.53
1#剖面	1	46.80	1.10	1.85	0.97	0.55	28.31
4#剖面	5	31.50	0.65	1.23	0.94	0.65	7.86
4#剖面	2	38.70	0.65	1.23	0.95	0.61	10.32
4#剖面	1	46.80	0.65	1.23	0.96	0.54	14.45

（3）频率为 P 的泥石流峰值流量

按式（3.3）计算频率为 P 的泥石流峰值流量。计算结果见表 3.23。

表 3.23　托云牧场二连 N6 泥石流主要控制断面泥石流峰值流量计算结果表

剖面	计算频率/%	$1+\varphi$	Q_p/(m³/s)	D_c	Q_c/(m³/s)
1#剖面	5	1.522	15.99	1.4	34.72
1#剖面	2	1.522	21.53	1.4	46.75
1#剖面	1	1.522	28.31	1.4	61.47
4#剖面	5	1.522	7.86	1.4	17.07
4#剖面	2	1.522	10.32	1.4	22.41
4#剖面	1	1.522	14.45	1.4	31.38

3. 泥石流流速

按式（3.4）计算泥石流流速。计算结果见表 3.24。

表 3.24　托云牧场二连 N6 泥石流流速计算结果表

剖面	计算频率/%	φ	m_c	R/m	$I/‰$	$v_c/(\text{m}^3/\text{s})$
1#剖面	5	0.537	10.5	1.10	115	7.42
1#剖面	2	0.537	10.5	1.20	115	8.74
1#剖面	1	0.537	10.5	1.33	115	9.85
4#剖面	5	0.537	10.5	1.09	455	5.19
4#剖面	2	0.537	10.5	1.20	455	5.74
4#剖面	1	0.537	10.5	1.30	455	6.56

4. 泥石流一次冲出量

按式（3.5）计算泥石流一次冲出量（Q）。计算结果见表 3.25。

表 3.25　托云牧场二连 N6 泥石流一次冲出量计算结果表

剖面	计算频率/%	K	$Q_c/(\text{m}^3/\text{s})$	T/min	Q/m^3
1#剖面	5	0.202	34.72	20	8415.95
1#剖面	2	0.202	46.75	20	11331.97
1#剖面	1	0.202	61.47	20	14899.25
4#剖面	5	0.202	17.07	20	4138.50
4#剖面	2	0.202	22.41	20	5432.50
4#剖面	1	0.202	31.38	20	7607.86

5. 泥石流一次固体冲出物质总量

按式（3.6）计算泥石流一次固体冲出物质总量（Q_H）。计算结果见表 3.26。

表 3.26　托云牧场二连 N6 泥石流一次固体冲出物质总量计算结果表

剖面	计算频率/%	Q/m^3	$\gamma_c/(\text{t}/\text{m}^3)$	$\gamma_w/(\text{t}/\text{m}^3)$	$\gamma_H/(\text{t}/\text{m}^3)$	Q_H/m^3
1#剖面	5	8415.95	1.566	1.0	2.65	2886.92
1#剖面	2	11331.97	1.566	1.0	2.65	3887.21
1#剖面	1	14899.25	1.566	1.0	2.65	5110.89
4#剖面	5	4138.50	1.566	1.0	2.65	1419.63
4#剖面	2	5432.50	1.566	1.0	2.65	1863.51
4#剖面	1	7607.86	1.566	1.0	2.65	2609.72

6. 泥石流冲击压力

按式（3.7）计算泥石流冲击压力（σ）。计算结果见表3.27。

表 3.27　托云牧场二连 N6 泥石流运动特征值一览表（$P=5\%$）

计算剖面	1#剖面	4#剖面
峰值流量/（m³/s）	34.42	17.07
一次固体冲出物质总量/m³	2886.92	1419.63
平均流速/（m³/s）	7.42	5.19
冲击压力/kPa	6.33	3.10
爬高/m	2.75	1.35
最大冲起高度/m	1.73	0.85
弯道超高/m	—	0.63

7. 泥石流爬高和最大冲起高度

按式（3.8）、式（3.9）计算泥石流爬高和最大冲起高度。计算结果见表3.27。

8. 泥石流弯道超高

按式（3.10）计算泥石流弯道超高。计算结果见表3.27。

（五）降水量对泥石流的影响

研究降水量对泥石流峰值流量、一次冲出量、一次固体冲出物质总量的影响。

1）降水量对泥石流峰值流量的影响见图3.74。在降水量较小时，泥石流峰值流量较小，随着降水量逐渐增大，泥石流峰值流量的增长速度也越来越快。

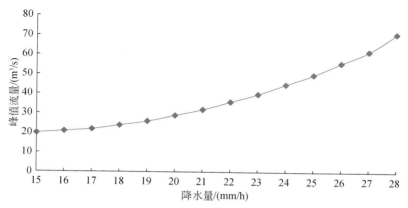

图3.74　托云牧场二连 N6 泥石流降水量对峰值流量的影响曲线图

2）降水量对泥石流一次冲出量的影响见图 3.75。在降水量较小时，泥石一次冲出量较小且增长速度缓慢，随着降水量逐渐增大，泥石流一次冲出量逐渐增大且增长速度也越来越快。

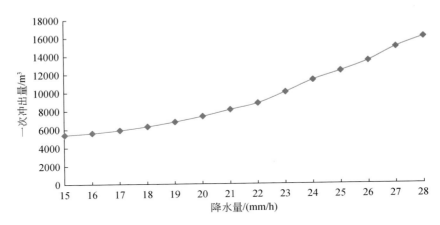

图 3.75　托云牧场二连 N6 泥石流降水量对一次冲出量的影响曲线图

由图 3.76 可以看出，降水量对泥石流一次固体冲出物质总量的影响，在降水量较小时，泥石流一次固体冲出物质总量较小且增长速度较慢，随着降水量逐渐增大，泥石流一次固体冲出物质总量的增长速度也越来越快，在降水量大于 24mm/h 时，泥石流一次固体冲出物质总量的增长速度逐渐减缓。

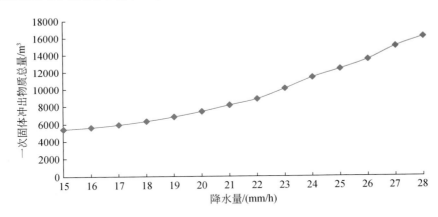

图 3.76　托云牧场二连 N6 泥石流降水量对一次固体冲出物质总量的影响曲线图

（六）泥石流数值模拟

采用 FLO-2D 软件对泥石流进行模拟，获得泥石流最大水面高程、最大厚度、最大速度、危险性等特征数据（图 3.77）。

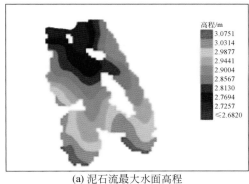

(a) 泥石流最大水面高程

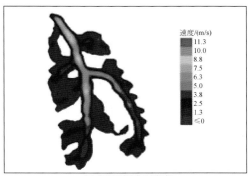

(b) 泥石流最大速度

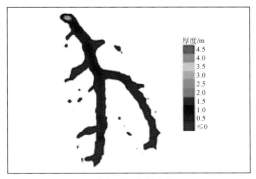

(c) 泥石流最大厚度

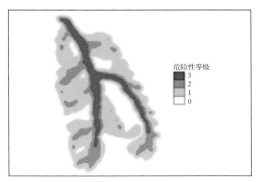

(d) 泥石流危险性分级

图 3.77 托云牧场二连 N6 泥石流 FLO-2D 模拟特征参数图

（七）泥石流危害程度判别

1. 泥石流活动危险程度或灾害发生概率判别

按照式（3.11）计算泥石流最大速度危险程度或灾害发生概率（D）。

泥石流的综合致灾能力（F）按表 3.15 中 4 个因素分级量化总分值判别。托云牧场二连 N6 泥石流致灾能力 $F=7$，其综合致灾能力较强。

受灾体（建筑物）的综合承（抗）灾能力（E）按表 3.16 中 4 个因素分别量化总分值判别。托云牧场二连 N6 泥石流综合承灾能力 $E=8$，其综合承灾能力差。

2. 泥石流活动危险性评估

按泥石流活动危险程度或灾害发生概率判别式判别结果，托云牧场二连 N6 泥石流活动危险程度或灾害发生概率（D）≈ 1，受灾体处于灾变的临界工作状态，成灾与否的概率各占 50%，要警惕可能成灾部分。根据综合致灾能力的强弱和受灾体综合承灾能力进行治理紧迫性判别结果，该泥石流沟治理要求紧迫。

(八) 泥石流发展趋势分析

1. 泥石流易发程度分析与评价

托云牧场二连 N6 泥石流呈发展期地貌特征，主沟侵蚀速度快，形成区沟床坡度 (φ) 大于 30°，崩滑堆积物覆盖表层，作为泥石流固相物质的补给来源之一，泥砂补给长度超过 40%，为泥石流活动提供了大量物源补给。形成流通区以崩滑堆积物覆盖整个流域，其稳定性差，动储量比例高。区内松散物源的活动性较强，不良地质现象发育，且激发雨量较小。根据泥石流沟的发育特征判别该泥石流所处的发展阶段为发展期。

根据泥石流流域基本特征和参数，按照《泥石流灾害防治工程勘查规范》(DT/T 0220—2006) 附录 G "泥石流沟的数量化综合评判及易发程度等级标准"，泥石流易发程度分为极易发、易发、轻度易发和不易发 4 个等级，其中易发程度综合评分 ≥116 分为极易发；87~115 分为易发；44~86 分为轻度易发；≤43 分为不易发。

根据易发程度数量化评分结果，托云牧场二连 N6 泥石流的综合评分为 104，根据泥石流易发程度等级划分，属易发。

2. 泥石流的发生频率和发展阶段

根据现场调查和泥石流特征值估算，该泥石流沟主沟形成 20 年一遇的泥石流以小规模稀性泥石流为主。

从沟谷地貌发育来看，该泥石流沟正处于青年发育阶段，其特点是沟道切割强烈，呈 "V" 型谷，沟床纵比降陡，沟坡坡度大，具备泥石流发生的地形地貌条件；从物源发育来看，流域内有崩滑体和沿沟松散物源大量分布，且受极端降雨的影响，松散物源的活动性增强，可能参与泥石流活动的松散固体物源量较为丰富，现沟内可参与泥石流活动的固体物源动储量达 29.08 万 m³；从水源条件来看，山区降雨集中，导致激发泥石流的临界雨强可能降低。综上所述，托云牧场二连 N6 泥石流近期的暴发频率可能增加，$P=5\%$ 泥石流 20 年内发生 5 次，具备发生较大规模泥石流的条件。

目前，该泥石流属高频泥石流，所处发展阶段为发展期。

3. 泥石流发展趋势预测

根据前述对泥石流成因机制和引发因素的分析，该泥石流沟属暴雨沟谷型泥石流，泥石流规模主要与流域内松散固体物源的累计和动态变化情况及与引发泥石流的暴雨情况相关，当流域内松散固体物源累计较多，且遇到集中暴雨时，可能会产生较大规模的泥石流。

三、叶城二牧场二连柴禾沟泥石流

(一) 概况

柴禾沟位于叶城二牧场东南侧 1km 处，沟口地理坐标：东经 77°17′39.8″、北纬

37°07′59.8″，距离叶城县城约60km，有乡道通达。柴禾沟沟域属侵蚀剥蚀构造山地区，大地构造上位于昆仑山东西向构造带的北翼，岩层断裂多、褶皱次之（图3.78）。

图3.78　柴禾沟泥石流卫星遥感影像图

（二）泥石流形成条件分析

1. 地形地貌条件

柴禾沟沟域形态近似条带状，沟域面积为4.58km²。沟域最高点位于南侧，高程约3995m，最低点位于沟口与阿克齐河交汇处，高程约2690m，相对高差约1305m，平均纵坡降为160.13‰。

（1）清水区的地形地貌条件

清水区位于柴禾沟上游段，主要地貌特征为中高山地貌，地形陡峻，斜坡坡度为30°～40°，部分区段近于直立，沟谷纵坡较陡，一般为200‰～300‰。

（2）形成流通区地形地貌条件

泥石流的形成流通区位于柴禾沟中部至沟口中下游段。该区沟谷岸坡坡度为20°～35°，构造复杂，松散堆积体厚度相对较大，不良地质现象发育，沿沟道两侧岸坡不均匀地分布有28处滑坡，为泥石流的主要松散固体物源分布区。沟道平均宽度约10m，呈"V"型、"U"型的复合断面形态，沟道内冲洪堆积厚度为2～3m。

（3）堆积区的地形地貌条件

堆积区位于柴禾沟沟口段，扇区为原阿克齐河洪积的漂卵砾石层，一般粒径较大，多大于30cm；早前发生的小规模泥石流堆积厚度为0.5～1.0m，由于堆积物多为中上游风积黄土滑塌后随流水携带而至的粉土、粉砂土，在雨水充沛季节，沟道水流较大，多数细颗粒物质被带走,少量大粒径的块碎石及卵砾石停滞于沟道,总体堆积厚度不大,沟道缓慢抬升。

2. 物源条件

柴禾沟泥石流松散固体物源较丰富,且分布较集中,主要位于柴禾沟中下游 2700 ~ 3000m 段沟道及岸坡。泥石流物源点共计 38 处,包括滑坡堆积物源 28 处、坡面侵蚀物源 1 处、沟道堆积物源 6 处、弃渣物源 3 处,总物源量为 111.46 万 m³,可参与泥石流的动储量为 21.28 万 m³(表 3.28)。

表 3.28　柴禾沟泥石流物源情况统计表

类型	物源总量/万 m³	物源动储量/万 m³	占比/%
滑坡堆积物源	103.62	18.53	17.9
坡面侵蚀物源	2.04	0.51	25.0
沟道堆积物源	3.66	1.17	32.0
弃渣物源	2.14	1.07	50.0
合计	111.46	21.28	19.1

弃渣物源主要有 3 处,为公路建设弃土,主要为黄土,堆积于公路外侧沟岸,局部滑塌,尚未参与泥石流活动。沟道堆积物源主要有 6 处,位于柴禾沟中下段沟床较宽缓部位,为沟道冲洪积堆积漂石、卵石及块碎石,厚度一般大于 3m,冲刷深度在 2m 以内。坡面侵蚀物源主要有 1 处,侵蚀深度为 0.1 ~ 0.2m,受植被、缓坡地形、公路设施等影响,其可参与泥石流活动的比例较小。滑坡物源点多、量小,主要为表土层滑坡,厚度一般为 3 ~ 8m。

3. 水源条件

柴禾沟泥石流的水源主要来自大气降水。叶城县城气象站年降水量为 9.6 ~ 116.6mm,降雨主要集中于 5 ~ 8 月,雨季降水量占全年的 70% ~ 80%。沟域内没有水库、湖泊等集中的地表水体,地下水不丰富,不构成引发泥石流的主要水源,因此暴雨形成的地表径流是引发泥石流的主要水源,暴雨是泥石流的主要激发因素。

根据《中国暴雨统计参数图集》(2006 年版),1/6h、1h、6h、24h 多年最大暴雨量平均值分别为 8.8mm、16mm、28mm、44mm,不同频率下的雨强值见表 3.29。

据《泥石流灾害防治工程勘查规范》(DZ/T 0220—2006),暴雨强度指标 $R = 5.045$,泥石流发生概率在 20% ~ 80%,山区泥石流激发雨量一般为一次雨量 48 ~ 50mm,或 10min 雨量 8 ~ 12.2mm,1min 雨量 0.8 ~ 1.2mm。区内雨量满足激发泥石流的条件,短时集中暴雨是该泥石流的主要引发因素。

表 3. 29 柴禾沟不同频率下雨强值计算表

统计时长 /h	平均降水量 /mm	变差系数 （Cv）	10 年一遇雨强 /mm	20 年一遇雨强 /mm	50 年一遇雨强 /mm	100 年一遇雨强 /mm
1/6	8. 8	0. 65	16. 1	20. 3	25. 9	30. 2
1	16	0. 62	28. 8	35. 9	45. 4	52. 6
6	28	0. 6	49. 7	61. 6	77. 4	89. 4
24	44	0. 58	77. 2	95	118. 5	136. 4

（三）泥石流基本特征

1. 泥石流危害

据调查访问，柴禾沟曾于 2018 年 5 月 21 日暴发小规模泥石流，本次泥石流未形成明显的泥石流堆积。柴禾沟泥石流危险区范围主要为沿沟两岸预测最高泥位线以下区域，威胁对象主要为沟口沟道两侧的人工牧草场，约 17 亩（1 亩≈666.7m²）。柴禾沟出口主河为阿克齐河，该段河道宽约 25m，河岸较低矮，且该段河道水力坡度较小，输砂能力有限，一旦柴河沟发生大规模泥石流，可能导致阿克齐河堵塞，继而威胁下游沟道两岸的二连连部及村民聚集区，以及沿岸的人工种植牧草场，威胁 54 户共 300 余人，以及 2000 余头牛羊的安全，威胁资产约 4000 万元。柴禾沟泥石流潜在危险性等级为中型。

2. 泥石流各区段冲淤特征

柴禾沟主沟及各支沟上游清水区普遍地形坡度较大，为 30°~40°，局部大于 50°，沟道纵坡较陡，但汇水面积较小，尚不能形成强烈冲刷所需的水动力条件，该区沟床大多表现为冲淤平衡的特点。流通区沟道海拔在 2705~3015m，该区段泥石流主要表现为沟床揭底冲刷的运动特征，同时伴有因流速降低而表现的淤积特征。堆积区地形坡度较缓，海拔为 2695~2705m，沟道长度约 320m，沟道纵坡降约 100‰，该区以淤积为主，沟道具有一定的冲刷能力，堆积物粒径大于 500mm 的占 10%，20~50mm 的占 50%，50~500mm 的占 30%，区内分布大量的人工草场。

3. 泥石流堆积物特征

由于泥石流沟道堆积物总体上土石比较低，其颗粒级配特征表现为大部分集中于 5~200mm，而粒径小于 2mm 的砂粒和粉黏粒含量普遍较低，因而粒径为 2~5mm 的颗粒含量往往可更好的标识其水动力条件和冲淤特征。

4. 泥石流发生频率和规模

根据柴禾沟泥石流特征及灾害史，该泥石流为低频泥石流，但随着近年来物源量的增多，引发泥石流的激发雨量可能减小，其发生频率可能增大。泥石流规模等级为中型，发展阶段为发展期。

（四）泥石流基本特征值的计算

1. 泥石流重度

现场配方试验结果，主沟泥石流重度为 $1.333 \sim 1.422\text{t/m}^3$，平均值为 1.384t/m^3；2#、3#支沟泥石流重度为 $1.678 \sim 1.766\text{t/m}^3$，平均值为 1.735t/m^3。根据形态法计算主沟下游段泥石流重度为 1.753t/m^3。

按照《泥石流灾害防治工程勘查规范》（DT/T 0220—2006）提供的计算公式，泥石流重度取 1.753t/m^3，泥石流固体物质重度取 2.65t/m^3（表 3.30），计算泥石流峰值流量为 $70.57\text{m}^3/\text{s}$，暴发时泥石流冲出量为 2.57 万 m^3。

表 3.30　柴禾沟泥石流重度查表法结果统计表

沟名	易发程度数量化评分	易发程度评价	γ_c/(t/m³)	$1+\varphi(\gamma_h=2.65)$
柴禾沟	101	易发	1.697	1.753

2. 泥石流流量

采用雨洪法计算沟口部位暴雨频率 1%、2%、5%、10% 的洪峰流量分别为 $31.22\text{m}^3/\text{s}$、$25.58\text{m}^3/\text{s}$、$18.52\text{m}^3/\text{s}$、$13.53\text{m}^3/\text{s}$，泥石流峰值流量分别为 $86.13\text{m}^3/\text{s}$、$70.57\text{m}^3/\text{s}$、$51.11\text{m}^3/\text{s}$、$37.33\text{m}^3/\text{s}$。

形态法计算沟口部位暴雨频率 2% 的平均泥深为 1.5m，平均流速为 2.43m/s，峰值流量为 $65.57\text{m}^3/\text{s}$。

3. 泥石流冲出量

据访问，柴禾沟泥石流暴发历时约半个小时（1800s），暴雨频率 2%、峰值流量取 $70.57\text{m}^3/\text{s}$ 时的泥石流冲出量为 2.57 万 m^3，相应固体冲出物质总量为 1.17 万 m^3。

4. 泥石流冲击压力、最大冲起高度、弯道超高

沟口部位建筑物形状系数取 1.33，受力面与泥石流冲击压力方向的夹角取 15°，计算暴雨频率 2% 的泥石流冲击压力为 3.56kN，泥石流最大冲起高度为 0.48m，沟口以上约 350m 处弯道超高为 0.173m。

（五）泥石流发展趋势分析

柴禾沟泥石流沟域内不良地质现象发育，固体物源量大，沟谷内近期一次泥石流冲淤变幅达 0.2 ~ 0.5m，活动强度较大，泥石流沟域面积为 4.58km²，相对高差较大，沟谷堵塞程度中等。泥石流易发程度属易发，所处发展阶段为发展期（壮年期）。

第三节　典型滑坡成灾机理分析

一、托云牧场一连 H3 滑坡成灾机理分析

（一）概况

托云牧场一连 H3 滑坡位于一连驻地下游约 1.6km 处，苏约克河左岸边防公路内侧，地理坐标：东经 75°8′54″、北纬 40°18′51″，下方有公路通过（图 3.79）。

图 3.79　托云牧场一连 H3 滑坡三维影像图

(二) 滑坡基本特征

滑坡区地貌属构造侵蚀高山，山顶浑圆状，海拔为 2900～4100m，相对高差 200～1000m。少见常年积雪，有的山坡碎石覆盖，有的基岩裸露，坡面冲沟发育 （图 3.80）。

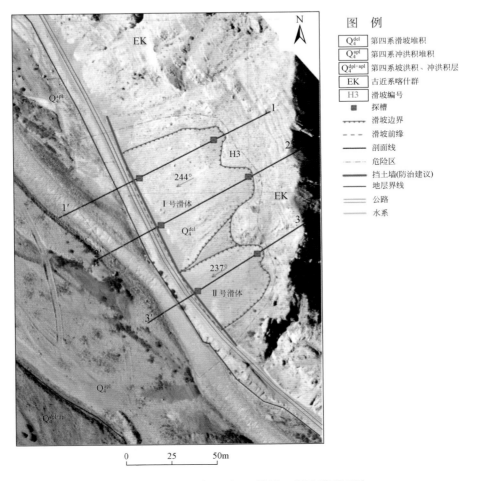

图 3.80   托云牧场一连 H3 滑坡工程地质平面图

滑坡冠高程为 3060m、趾高程为 3010m，斜长约 86m，宽度约 137m，滑体平均厚度约 3m，滑坡体积约 27000m³，为小型滑坡，划为Ⅰ、Ⅱ号两个滑体。滑坡区总体坡度较陡，为 50°～60°。前缘坡度稍缓，为 30°～40°；后缘坡度相对较陡，为 65°～80°。

滑坡区地形上陡下缓，斜坡上部出露古近系喀什群 （EK） 中厚层状砂岩，产状为 352°∠53°，节理裂隙发育密集，属倾外斜向坡。滑坡地表岩体破碎，坡面冲沟发育较为密集，坡表有少量植物。滑体物质为第四系崩坡积碎石土，结构较为松散，碎石粒径为 5～20cm，约占 55%。滑坡目前处于基本稳定状态，在强降雨和地震等不利工况下，易形成牵引式滑动，主要对坡脚公路构成威胁 （图 3.81～图 3.85）。

图 3.81　托云牧场一连 H3 滑坡 I 号滑坡前缘

图 3.82　托云牧场一连 H3 滑坡右边界

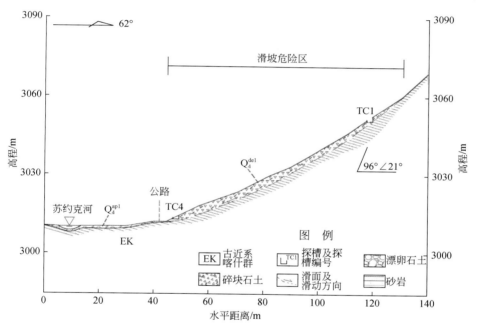

图 3.83　托云牧场一连 H3 滑坡 1-1′工程地质剖面图（剖面位置见图 3.80）

（三）滑坡稳定性计算

该滑坡目前有局部溜滑现象，滑坡堆积物堆积于公路内侧。从定性角度分析，滑坡体目前整体处于较稳定状态，但局部受公路开挖切坡影响处于不稳定状态，可能发生局部滑动。

利用 FLAC 3D 软件进行滑坡稳定性计算。通过确定土壤在不同降雨条件下黏聚力和内摩擦角的不同，来模拟降雨条件，准确有效地确定内摩擦角、黏聚力是进行不同暴雨工况下滑坡稳定性分析的关键。试验参数中只给出了覆盖层土天然状态和饱和状态下的参数，因此为模拟不同暴雨工况下的滑坡稳定性，针对滑体 1/3 饱和、1/2 饱和、全饱和状态，采用内插的方式利用不同计算参数分析滑坡在 1/3 饱和、1/2 饱和、全饱和及地震工况下的稳定性，各工况下的岩土参数见表 3.31。

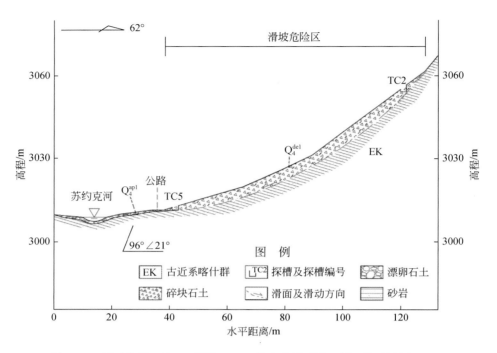

图 3.84　托云牧场一连 H3 滑坡 2-2′工程地质剖面图（剖面位置见图 3.80）

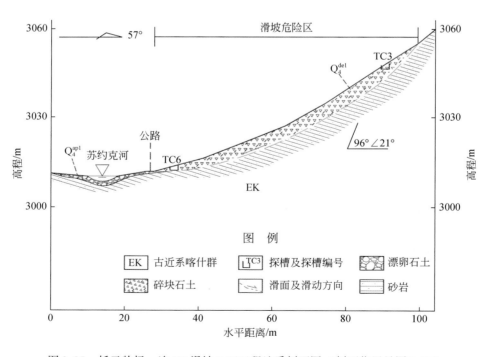

图 3.85　托云牧场一连 H3 滑坡 3-3′工程地质剖面图（剖面位置见图 3.80）

表 3.31 托云牧场一连 H3 滑坡岩土体物理力学参数表

岩土体	工况	c/kPa	$\varphi/(°)$	$\rho/(g/cm^3)$
碎石土	天然	18.60	23.60	1.54
	1/2 饱和	13.93	21.27	8.21
	1/3 饱和	16.27	22.43	4.87
	全饱和	11.60	20.10	11.54
	地震	18.60	23.60	1.54
滑床砂岩	天然	2.03	41.20	2.52
	1/2 饱和	1.66	40.27	2.56
	1/3 饱和	1.84	40.73	2.54
	全饱和	1.47	39.80	2.58
	地震	2.03	41.20	2.52

各剖面计算结果显示，滑坡在天然工况下处于稳定状态，在滑体 1/3 饱水工况下处于基本稳定–欠稳定状态，在滑体 1/2 饱水工况下处于欠稳定–不稳定状态，在全饱和工况和地震工况下处于不稳定状态（表 3.32，图 3.86）。

表 3.32 托云牧场一连 H3 滑坡稳定性系数（F_s）计算结果表

剖面	天然工况稳定性系数	1/3 饱和工况稳定性系数	1/2 饱和工况稳定性系数	全饱和工况稳定性系数	地震工况稳定性系数
1-1′	1.366	1.102	1.084	0.986	0.891
2-2′	1.253	1.034	1.012	0.985	0.961
3-3′	1.417	1.032	0.974	0.924	0.886

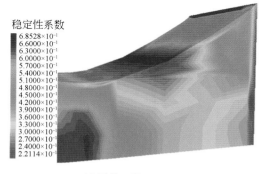

(a) 天然工况，F_s=1.253

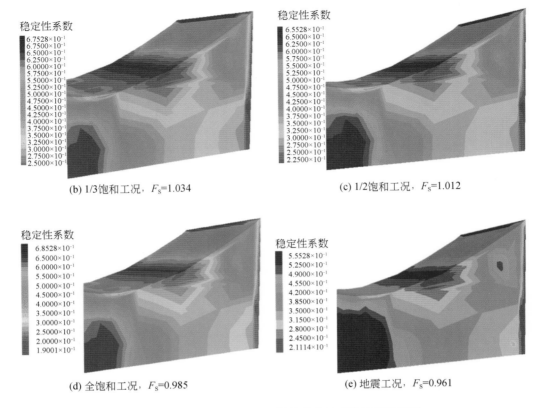

(b) 1/3饱和工况，F_s=1.034　　　　　(c) 1/2饱和工况，F_s=1.012

(d) 全饱和工况，F_s=0.985　　　　　(e) 地震工况，F_s=0.961

图 3.86　托云牧场一连 H3 滑坡稳定性系数计算结果图

（四）滑坡发展趋势预测

托云牧场一连 H3 滑坡斜坡上部出露古近系喀什群组（EK）中厚层状砂岩、黏土岩、泥岩，干后再遇水易软化和崩解。滑体物质为第四系崩坡积成因的碎块石土。滑坡区属于中山中深切割地貌，总体坡度较陡。滑体与滑带土体透水性差异较大，滑带土结构较松散，透水性强，有利于地下水的入渗，增加坡体自重，软化土体，暴雨期或持续降雨期，降雨下渗至松散土类与基岩触面时，由于透水性的差异，可能会在基岩面产生浮托力。降雨一方面增加岩土体自重，另一方面对岩土产生侵蚀和软化作用，降低滑带土的抗剪强度，从而降低斜坡土体的稳定性。滑坡体前缘陡峭，受公路开挖切坡和长期遭受坡面侵蚀切割，逐渐临空，从而牵引后方滑体向下滑动。

综上所述，托云牧场一连 H3 滑坡为小型土质牵引式滑坡，潜在滑动面为松散土层与基岩分界面，目前滑坡整体处于较稳定状态，在暴雨及地震作用下可能会发生整体失稳破坏。

（五）威胁对象

托云牧场一连 H3 滑坡若发生失稳破坏，将严重威胁国防公路过往车辆、行人的安全，且该公路为通往连队的唯一通道，也是通往吉尔吉斯斯坦边境的国防公路，保障公路安全具有重要的国防战略意义，险情等级为中等，危险性中等。

二、托云牧场二连 H1 滑坡成灾机理分析

（一）概况

托云牧场二连 H1 滑坡位于二连驻地下游约 1.5km 处，铁列克河左岸斜坡，地理坐标：东经 75°46′44″、北纬 40°8′52″，下方有公路通过（图 3.87）。

图 3.87　托云牧场二连 H1 滑坡三维影像图

（二）滑坡基本特征

滑坡位于构造侵蚀高山区，海拔为 2900~4100m，相对高差为 200~1000m，总体坡度较陡，为 50°~60°，前缘坡度较缓，为 30°~40°，后缘坡度相对较陡，为 60°~80°。滑坡冠高程为 2865m，趾高程为 2670m，主滑方向为 323°，滑坡斜长为 390m，宽度为 220m，滑体平均厚度约 3m，滑坡体积约 250000m³，规模中型（图 3.88 ~ 图 3.91）。

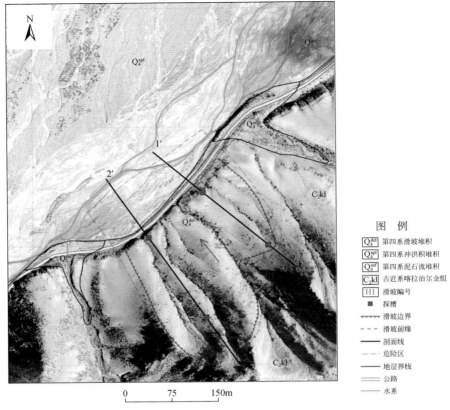

图 3.88 托云牧场二连 H1 滑坡工程地质平面图

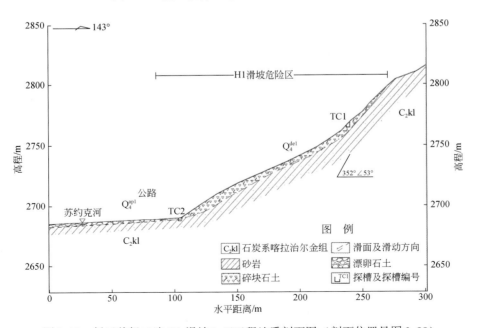

图 3.89 托云牧场二连 H1 滑坡 1-1′工程地质剖面图（剖面位置见图 3.88）

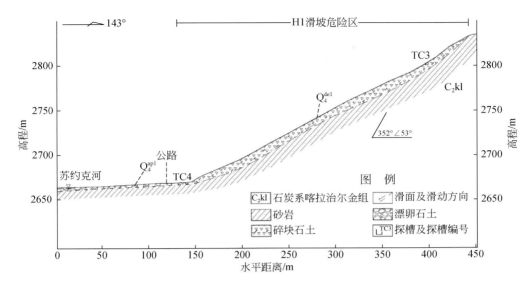

图 3.90　托云牧场二连 H1 滑坡 2-2′工程地质剖面图（剖面位置见图 3.88）

　　滑坡区下覆基岩为石炭系喀拉治尔金组（C_2kl）砂岩、粉砂岩、页岩及复矿互层，产状为 352°∠53°，属顺向坡。坡表岩体破碎，有少量植物，坡面冲沟发育较为密集。滑体物质为第四系崩坡积成因的碎石土，碎石粒径为 3～20cm，约占 60%（图 3.92）。滑坡目前处于基本稳定状态，在强降雨和地震等不利工况下，易形成牵引式滑动，主要对坡脚公路构成威胁。

图 3.91　托云牧场二连 H1 滑坡前缘照片

图 3.92　托云牧场二连 H1 滑坡体照片

（三）滑坡稳定性分析

　　滑坡目前整体处于基本稳定状态，但局部受公路开挖切坡影响不稳定，有局部溜滑现象，堆积于公路内侧。

　　采用 FLAC 3D 软件进行稳定性计算，模拟不同暴雨滑体 1/3 饱和、1/2 饱和、全饱和，以及地震工况下的滑坡稳定性，各工况下的岩土参数见表 3.33。

表 3.33　托云牧场二连 H1 滑坡岩土体物理力学参数

岩土体	工况	C/kPa	φ/(°)	P/(g/cm³)
碎石土	天然	15.20	26.20	1.36
	1/2 饱和	11.73	24.87	8.03
	1/3 饱和	13.47	25.53	4.69
	全饱和	10.00	24.20	11.36
	地震	15.20	26.20	1.36
滑床砂岩	天然	2.37	41.60	2.50
	1/2 饱和	2.02	41.13	2.55
	1/3 饱和	2.19	41.37	2.52
	全饱和	1.84	40.90	2.57
	地震	2.37	41.60	2.50

　　各剖面计算结果显示，滑坡在天然工况下处于稳定状态，在滑体 1/3 饱水工况下处于基本稳定，在滑体 1/2 饱水工况下处于欠稳定–不稳定状态，在全饱和工况和地震工况下处于不稳定状态（表 3.34，图 3.93）。

表 3.34　托云牧场二连 H1 滑坡稳定性系数（F_S）计算结果表

剖面	天然工况稳定性系数	1/3 饱和工况稳定性系数	1/2 饱和工况稳定性系数	全饱和工况稳定性系数	地震工况稳定性系数
1-1′	1.227	1.121	1.004	0.916	0.973
2-2′	1.256	1.106	0.986	0.904	0.992

(a) 天然工况，F_S=1.256

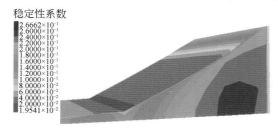

(b) 1/3 天然工况，F_S=1.106

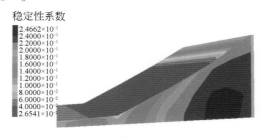

(c) 1/2 天然工况，F_S=0.986

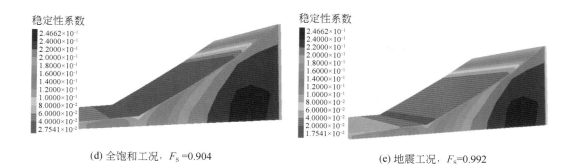

(d) 全饱和工况，$F_S = 0.904$　　　　　　　(e) 地震工况，$F_S = 0.992$

图 3.93　托云牧场二连滑坡稳定性计算结果图

（四）滑坡发展趋势预测

托云牧场二连 H1 滑坡为中型土质牵引式滑坡，潜在滑动面位于土层与基岩分界面，降雨是主要诱发因素。滑坡目前处于稳定状态，在降雨和地震条件下，存在局部滑动的可能，并有可能牵引滑体导致整体失稳。

（五）威胁对象

滑坡威胁国防公路及过往车辆行人的安全，该公路为通往连队的唯一通道，保障公路安全具有重要的国防战略意义，险情等级为小型，危险性中等。

第四节　小　　结

本章采用地质分析、参数计算、数值模拟、综合评价等方法，对南疆兵团辖区内典型、重大地质灾害成灾机理做了研究。

托云牧场一连 B1 崩塌分 3 个区含 6 处危岩带和 1 处滑坡，危岩体积约 1.52 万 m^3，规模中型，整体基本稳定，局部不稳定；托云牧场二连 B1 崩塌含 3 处危岩带，总体积约 9000m^3，为小型岩质崩塌，整体基本稳定，局部不稳定。采用 Rocfall、CRSP-3D 软件模拟了崩塌落石运动轨迹，以及崩落高度、弹跳高度、崩落距离、动能等参数。

托云牧场一连 N4 泥石流，沟域面积为 1.5km^2，主沟长为 2.53km，沟床平均纵坡降为 125‰，主要有 16 处物源点，松散固体物源总量为 43.20 万 m^3，其中可参与泥石流活动的动储量为 7.48 万 m^3，泥石流规模为中型，属发展期、易发、高频泥石流；托云牧场二连 N6 泥石流，沟域面积为 1.17km^2，流域最大相对高差为 640m，主沟长度为 2.03km，沟谷平均纵坡降为 315‰，主要有 16 处物源点，松散固体物源量为 82.12 万 m^3，其中可参与泥石流活动的动储量为 29.08 万 m^3，泥石流规模为小型，属易发、高频泥石流；叶城二牧场二连柴禾沟泥石流，沟域面积为 4.58km^2，主要有 38 处物源点，松散固体物源量为 111.46 万 m^3，可参与泥石流活动的动储量为 21.28 万 m^3，属易发、发展期泥石流。计算了泥石流流体重度、流速、流量、一次冲出量、一次固体冲出物质总量，以及泥石流整体冲压力、爬高、冲起高度等参数。采用 FLO-2D 软件模拟了泥石流水面高程、厚度、速度、危险性等参数。

托云牧场一连 H3 滑坡，斜长约 86m，宽度约 137m，滑坡体积约 27000m^3，为小型土质牵引式滑坡，目前滑坡整体较稳定，在暴雨及地震作用下可能会发生整体失稳破坏。托云牧场二连 H1 滑坡，斜长约 390m，宽度约 220m，滑坡体积约 250000m^3，为中型土质牵引式滑坡，降雨是主要诱发因素，目前整体较稳定，在降雨和地震条件下可能会局部滑动甚至牵引滑体导致整体失稳。

第四章　地质灾害风险评估

第一节　地质灾害评估方法

一、地质灾害易发性分区方法

（一）分区目的及原则

1. 分区目的

地质灾害易发性分区的目的在于把地质灾害发生的地质环境条件接近，灾害种类、易发程度基本一致的区域划分在一起，把前述各方面不相同的区域划分开，有利于分别对地质灾害发生的原因做进一步综合研究，为制订地质灾害防治规划及地质灾害适时治理提供依据。

评估一个地区地质灾害的易发性，可以从两个方面进行：

1）这一地区历史上致灾地质作用的发生情况，包括致灾的地质作用规模、密度、频次等；

2）这个地区自然条件、地质环境条件、人类工程经济活动状况等。

很显然，这种易发性分析，并不是在对区域内斜坡稳定性等进行详细勘查评估的基础上做出的，而是基于类比，根据历史灾害情况和影响因素与这些地质现象之间并不十分明晰的相关关系做出的一种宏观评估。

2. 分区原则

地质灾害易发区划分根据地质环境条件及地质灾害发育现状进行，分区遵循以下 4 个原则。

（1）自然及地质环境条件差异性原则

地质灾害的发生与其所处的地形地貌、气象条件、地层岩性、地质构造、新构造运动及等自然及地质背景条件密切相关。充分研究不同区域控制地质灾害发生、分布及危害的自然及地质环境条件差异，在进行地质灾害易发程度分区时，将发生条件相同或相近的区域划入同一个区，条件不同的划入不同的区（苏凤环等，2013）。

（2）地质灾害形成主导因素原则

在进行地质灾害易发性分区时，充分考虑地质灾害的现状分布特征。地质灾害现状分布是易发程度的直接反应，同一级次的易发程度区域，其地质灾害的现状分布密度也大致相近。

（3）综合分析原则

综合分析原则就是要全面考虑构成易发程度的各因素，以保证所划分的每一个易发区都具有其自身特点。在进行地质灾害易发程度分区时，还应充分考虑人类工程活动的方式和强度，保护自然环境的措施和力度等方面的综合因素。

（4）"以人为本"的原则

突出"以人为本"的原则。分区要考虑地质灾害与人类生产生活的密切程度，即地质灾害的发育程度与人口分布密度的关系，还要考虑地质灾害对人类生产生活存在的潜在危害性，准确预测地质灾害的危险性，减少损失，保证人民群众的生产生活安全，更好地为社会发展和经济建设服务。

（二）易发程度判别方法

1. 定性分析

根据地质灾害形成发育的地质环境条件、发育现状、人类工程活动与研究工作程度，分析研究地质灾害的发育特征，即灾种、分布、密度、规模、危害程度等，以及控制地质灾害发育的主导因素的区域差异性，参考表 4.1 进行地质灾害易发区划分。

表 4.1　地质灾害易发区主要特征简表

灾害类型	高易发区	中易发区	低易发区
滑坡、崩塌、不稳定斜坡	滑坡分布密度大于 3 个/100km²，有中型以上滑坡。地形为中高山区，地形切割破碎，岩土类型以碎屑岩为主，斜坡风化土层深厚大于 5m。新构造活动强烈，地震烈度Ⅶ~Ⅷ。斜坡植被覆盖率小于 20%。人类工程活动强烈。新构造活动强烈	滑坡分布密度 1~3 个/100km²，中小型的滑坡为主。地形为高山区，地形切割较破碎，岩土类型以碎屑岩为主，新构造活动较强烈，地震烈度Ⅶ。斜坡植被覆盖率小于 30%。人类工程活动强烈。构造活动较强烈	有零星滑坡分布，密度小于 1 个/100km²，发育规模小，以土质滑坡为主。地震烈度≤Ⅳ。地形较平缓，斜坡植被覆盖率大于 30%。人类工程活动较弱
泥石流	多深层滑坡和大型崩塌，表层土松动，斜坡以易风化岩层为主。沟域植被覆盖率小于 20%，沿沟河道松散岩土储量大于 10 万 m³/km²。冲沟十分发育，纵级降大于 200‰，沟口泥石流扇发育。人类工程活动强烈。易发程度数量化评分大于 114 分	中小型崩塌，表层土松动，斜坡以易风化岩层为主，如花岗岩、碎屑岩。沟域植被覆盖率 20%~30%，沿沟河道松散岩土储量 5 万~10 万 m³/km²。人类工程活动较强。易发程度数量化评分 84~114 分	植被覆盖率大于 30%。人类工程活动较弱。易发程度数量化评分 40~90 分，有零星滑坡、塌岸，沿沟河道松散岩土储量小于 5 万 m³/km²

2. 定量分区

定量分析采用"地质灾害综合易发性指数法"。

（1）单元格划分

根据区内实际情况采用不规则网格进行计算。

（2）计算方法

地质灾害综合易发性指数的计算公式：

$$Z = Z_q \cdot r_1 + Z_x \cdot r_2 \qquad (4.1)$$

式中，Z 为地质灾害综合易发性指数；Z_q 为潜在地质灾害强度指数；r_1 为潜在地质灾害强度权值；Z_x 为现状地质灾害强度指数；r_2 为现状地质灾害强度权值。

潜在地质灾害强度指数（Z_q）按以下公式计算：

$$Z_q = \sum T_i \cdot A_i = D \cdot A_D + X \cdot A_X + Q \cdot A_Q + R \cdot A_R \qquad (4.2)$$

式中，T_i 分别为控制评估单元地质灾害形成的地质条件（D）、地形地貌条件（X）、气候植被条件（Q）、人为条件（R）充分程度的表度分值；A_i 分别为各形成条件的权值。

现状地质灾害强度指数（Z_x）用灾害点密度来求得。

（3）滑坡易发程度判别

A. 影响因子及量化分级

根据滑坡的形成条件及影响因素，选择地形条件、地貌类型、地层岩性、地质构造、斜坡结构类型、降水量、植被覆盖率、人类工程活动、滑坡发育现状等 9 项影响因素进行滑坡易发程度综合判别（表 4.2）。每个影响因子根据其不同状态及其对滑坡形成影响程度的大小划分为 3 个级别并赋予不同的权重值。单元格中含不同级别影响因子时取面积最大的影响因子值作为该单元格影响因子值。

表 4.2　滑坡影响因子及取值表

一级影响因子	二级影响因子	权重	量化值 3	量化值 2	量化值 1
地形地貌（X）	地貌类型	0.1	构造侵蚀中低山区	构造侵蚀中山区	侵蚀剥蚀中高山、高山区
	地形条件	0.1	地形坡度为 15°~35°	地形坡度为 35°~55°	地形坡度小于 15°或大于 55°
气候植被条件（Q）	降水量	0.1	年均降水量大于 400mm	年均降水量为 400~200mm	年均降水量小于 200mm
	植被覆盖率	0.05	植被覆盖率小于 50%，以乔木、草本为主	植被覆盖率为 50%~70%，乔木、灌木混杂	植被覆盖率大于 70%，以灌木为主
地质条件（D）	地层岩性	0.1	松散土体、侏罗系泥岩等	泥岩砂岩互层、板岩、砂岩、变质砂岩等	碎屑岩、白云岩、灰岩等
	地质构造	0.1	强烈抬升区，主要断裂及附近，岩层破碎区	其他分支断裂及褶皱核部，岩体节理裂隙发育	受构造作用较小，岩体较完整区
	斜坡结构类型	0.1	松散土体斜坡、顺向坡、斜向坡（同向）	逆向坡、斜向坡（逆向）	斜坡近水平、块状岩体斜坡、横向坡
人类工程活动（R）		0.15	县级及以上主要干道，重要采矿区，大量开挖边坡、人工爆破、涵硐开挖等工程活动	乡镇公路，三级乡集镇居民聚居区，一般旅游景区，采石场，工程开挖边坡量较大	无公路，少人区或无人区，工程活动量小，对环境的影响小

续表

一级影响因子	二级影响因子	权重	量化值 3	量化值 2	量化值 1
滑坡发育现状（Z）		0.2	存在 1 处以上滑坡、不稳定斜坡，或有 1 处大型滑坡、正在活动的滑坡，或灾害点分布密度大于 2 处/10km²	有 1 处滑坡、不稳定斜坡，或灾害点分布密度小于 2 处/10km²	滑坡或不稳定斜坡不发育

B. 判别方法

根据滑坡形成的影响因素计算出滑坡地质灾害易发程度综合指数（$E_滑$），结合现场调查情况，按表 4.3 进行易发程度评判。

表 4.3　滑坡易发程度判别标准

滑坡易发程度	高易发（A）	中易发（B）	低易发（C）
滑坡易发程度综合指数（$E_滑$）	$E_滑 \geqslant 2.05$	$1.65 < E_滑 < 2.05$	$E_滑 \leqslant 1.65$

（4）崩塌易发程度判别

A. 影响因子及量化分级

根据崩塌的形成条件及影响因素，选择地形条件、地貌类型、地层岩性、地质构造、斜坡结构类型、植被、降水量、人类工程活动、崩塌发育现状等 9 项指标进行崩塌易发程度综合判别（表 4.4）。每个影响因子根据其不同状态及其对崩塌形成影响程度大小划分为 3 个级别并赋予不同的权重值。

表 4.4　崩塌影响因子及取值表

一级影响因子	二级影响因子	权重	量化值 3	量化值 2	量化值 1
地形地貌（X）	地貌类型	0.1	构造侵蚀中低山区	构造侵蚀中山区	侵蚀剥蚀中高山、高山区
	地形条件	0.1	地形坡度大于 45°	地形坡度为 30°~45°	地形坡度小于 30°
气候植被条件（Q）	降水量	0.05	年均降水量大于 400mm	年均降水量为 400~200mm	年均降水量小于 200mm
	植被覆盖率	0.05	植被覆盖率小于 50%	植被覆盖率为 50%~70%	植被覆盖率大于 70%
地质条件（D）	地层岩性	0.1	碳酸盐、碎屑岩、白云岩、灰岩等	泥岩砂岩互层、板岩、砂岩、变质砂岩等	松散土体、泥岩等
	地质构造	0.1	强烈抬升区，主要断裂及岩层破碎区	其他分支断裂及褶皱核部，岩体节理裂隙发育	受构造作用较小，岩体较完整区
	斜坡结构类型	0.1	块状岩体斜坡、横向坡、逆向坡	斜向坡	松散土体斜坡、顺向坡

续表

一级影响因子	二级影响因子	权重	量化值3	量化值2	量化值1
人类工程活动（R）		0.2	县级及以上主要干道，重要采矿区，大量开挖边坡、人工爆破、涵硐开挖等工程活动	乡镇公路，三级乡集镇居民聚居区，采石场，工程开挖边坡量较大	无公路，少人区或无人区，工程活动量小，对环境的影响小
崩塌发育现状（Z）		0.2	存在1处中型以上崩塌或危岩体，常有小规模崩塌或落石发生，灾害点分布密度大于2处/10km²	小型崩塌发生或存在小型崩塌的危岩体，危岩存在，偶有落石，灾害点分布密度小于2处/10km²	崩塌或危岩不发育

B. 判别方法

根据崩塌形成的9项影响因素计算出崩塌地质灾害易发程度综合指数 $E_崩$，按表4.5进行易发程度评判。

表 4.5　崩塌易发程度判别标准

崩塌易发程度	高易发（A）	中易发（B）	低易发（C）
崩塌易发程度综合指数（$E_崩$）	$E_崩 \geqslant 1.95$	$1.60 < E_崩 < 1.95$	$E_崩 \leqslant 1.60$

（5）泥石流易发程度判别

A. 影响因子及量化分级

研究区多属沟谷型泥石流，根据沟谷泥石流形成的15项影响因子进行易发程度综合评判（表4.6）。

表 4.6　泥石流易发程度评分表

序号	影响因素	权重	极易发（A）	分值	中等易发（B）	分值	轻度易发（C）	分值	不易发（D）	分值
1	崩坍、滑坡及水土流失（自然和人为活动的严重程度）	0.159	崩坍、滑坡等重力侵蚀严重，多大型滑坡和大型崩坍，表土疏松，冲沟十分发育	21	崩坍、滑坡发育，多中型滑坡和中小型崩坍，有零星植被覆盖冲沟发育	16	有零星崩坍、滑坡和冲沟存在	12	无崩坍、滑坡、冲沟或发育轻微	1
2	泥砂沿程补给长度比/%	0.118	>60	16	30~60	12	10~30	8	<10	1
3	沟口泥石流堆积活动程度	0.108	河形弯曲或堵塞，大河主流受挤压偏移	14	河形无较大变化，仅大河主流受迫偏移	11	河形无变化，大河主流高水偏，低水不偏	7	无河形变化，主流不偏	1

序号	影响因素	权重	极易发（A）	分值	中等易发（B）	分值	轻度易发（C）	分值	不易发（D）	分值
4	河沟纵坡/(°)(‰)	0.090	>12°(213)	12	6°~12°(105~213)	9	3°~6°(52~105)	6	<3°(52)	1
5	区域构造影响程度	0.075	强抬升区，6级以上地震区，断层破碎带	9	抬升区，4~6级地震区，有中小支断层或无断层	7	相对稳定区，4级以下地震区有小断层	5	沉降区，构造影响小或无影响	1
6	流域植被覆盖率/%	0.067	<10	9	10~30	7	30~60	5	>60	1
7	河沟近期一次变幅/m	0.062	2	8	1~2	6	0.2~1	4	0.2	1
8	岩性影响	0.054	软岩、黄土	6	软硬相间	5	风化强烈和节理发育的硬岩	4	硬岩	1
9	沿沟松散物储量/(万 m³/km²)	0.054	>10	6	5~10	5	1~5	4	<1	1
10	沟岸山坡坡度/(°)(‰)	0.045	>32°(625)	6	25°~32°(466~625)	5	15°~25°(286~466)	4	<15°(286)	1
11	产沙区沟槽横断面	0.036	"V"型谷、"U"型谷、谷中谷	5	宽"U"型谷	4	复式断面	3	平坦型	1
12	产沙区松散物平均厚度/m	0.036	>10	5	5~10	4	1~5	3	<1	1
13	流域面积/km²	0.036	0.2~5	5	5~10	4	0.2以下、10~100	3	>100	1
14	流域相对高差/m	0.030	>500	4	300~500	3	100~300	2	<100	1
15	河沟堵塞程度	0.030	严重	4	中等	3	轻微	2	无	1

B. 判别方法

根据表4.7进行泥石流易发性判别。

表4.7　泥石流易发程度分级表

易发程度	总分
高易发	>114
中易发	84~114
低易发	40~84
不易发	≤40

（6）地质灾害易发程度分区

根据对滑坡、崩塌、泥石流灾种的地质灾害易发程度评判结果，进行叠加分析。计算公式如下：

$$E_发 = E_滑 \cup E_崩 \cup E_泥 \qquad (4.3)$$

式中，$E_发$为地质灾害易发程度；$E_滑$为滑坡易发程度；$E_崩$为崩塌易发程度；$E_泥$为泥石流易发程度。

$E_发 =$ "A" 属地质灾害高易发区，细分为：A_1为滑坡崩塌地质灾害高易发区；A_2为泥石流地质灾害高易发区；A_3为滑坡、崩塌、泥石流地质灾害高易发区。

$E_发 =$ "B" 属地质灾害中易发区，细分为：B_1为滑坡崩塌地质灾害中易发区；B_2为泥石流地质灾害中易发区；B_3为滑坡、崩塌、泥石流地质灾害中易发区。

$E_发 =$ "C" 属地质灾害低易发区。

二、地质灾害危险性评价方法

（一）地质灾害灾情与危害程度评价

1. 评价原则

1）由于地质灾害造成人民群众生命财产损失的统计渠道和标准不一，以历年灾情上报统计资料为准。

2）财产损失中只估算由于滑坡、崩塌、泥石流而造成的直接经济损失，单位精确到0.01万元，间接损失不做估算。

3）包括现状经济损失评价和预测经济损失评价两部分，现状经济损失评价是指对已发生的地质灾害所造成的人员伤亡和直接经济损失的统计，预测评价是指对地质灾害隐患点可能造成的人员伤亡和经济损失进行的预测性评价。

4）对地质灾害损失评价和预测评价均采用成本法进行评价，受灾体价格标准采用南疆地区平均价格标准，根据区内的物价水平适当作一些补充调整。

2. 计算方法与评价标准

灾情的调查和评价具体到致死、致伤人数，各类工程设施损毁的数量、程度（轻微受损、严重受损、完全毁坏），各类土地资源毁坏的数量等。直接经济损失包括建筑物和其他工程结构、设施、设备、物品、财物等破坏而引起的经济损失，以重新修复所需费用计算，不包括非实物财产，如货币、有价证券等损失（李永红等，2014）。采用2018年南疆地区物价算术平均值作为经济损失评价的统一计算单价，据此进行统一计算。参与统计的经济因子包括土地（农田、牧场等）、牲畜、房屋、公路、桥梁、管道、渠道、涵洞、输电线路、电站、学校、机关及其他公共设施等。按表4.8计算直接经济损失。

表 4.8　地质灾害经济损失评价标准表

项目		单位	单价/元	项目		单位	单价/元
人员	重伤	个	50000	渠道	毁坏	m	500
	轻伤		3000		堵塞		80
	影响		500	毁坏堤岸		m	1000
土地	水田	亩	1500	电站	毁坏	kW	5500
	旱地		1000		损失		2500
	林（果）地		1700	涵洞		m	1900
牲畜	猪	头	1500	危及	镇	个	300000
	牛		3000		村		20000
	羊		100		组		10000
房屋	倒塌	间	5000	学校		间（所）	200000
	严重破坏		3000	供销社		间（家）	100000
	损失		1000	卫生所		间（所）	50000
	影响		500	茶场		间（个）	10000
居民	搬迁	户	18000	加工厂		间（个）	50000
	危及		10000	藏库		间（座）	100000
公路	毁坏	m	500	粮管所		间（个）	200000
	堵塞	天	100	商店		间（家）	50000
铁路	毁坏	m	10000	小型厂矿		家	300000
	堵塞	天	10000	船只		条	20000
桥	公路桥	座	400000	汽车		辆	100000
				人行桥		座	10000

3. 灾情与危害程度评价

按表 4.9 进行地质灾害灾情与危害程度分级，划分为一般级、较大级、重大级和特大级。地质灾害灾情按死亡人数或直接经济损失评价，危害程度按受威胁人数或受威胁财产评价。

表 4.9　地质灾害灾情与危害程度分级标准

灾害程度分级	死亡人数	受威胁人数	直接经济损失/万元
一般级（轻）	<3	<10	<100
较大级（中）	3~10	10~100	100~500
重大级（重）	10~30	100~1000	500~1000
特大级（特重）	>30	>1000	>1000

注：①灾情分级，即已发生的地质灾害灾度分级，采用"死亡人数"和"直接经济损失"栏的指标评价；②危害程度分级，即对可能发生的地质灾害危害程度的预测分级，采用"受威胁人数"和"直接经济损失"栏指标评价。

（二）地质灾害点危险性评价

1. 地质灾害点危险区划定

正确划定危险区范围，是评价地质灾害危害程度的依据，对确定防灾重点、编制防灾预案、进行危险性评价都具有重要作用。

危险区的大小，取决于地质灾害的类型、规模和危害方式。不同种类地质灾害危险区的划定，应依据其形成的地质环境条件、规模、引发因素、危害作用方式来综合分析判定（司康平等，2009）。

崩塌危险区范围包括危岩体、崩塌堆积体及崩落可能波及的区域，如果可能发生次生灾害，则危险区范围还包括次生灾害链波及区。

滑坡危险区的确定主要取决于滑坡体大小（分布）、滑坡体滑动后可能影响的范围，对可能堵江（沟）的滑坡还应推测淹没和溃坝后波及区范围。

泥石流危险区主要在流通区和堆积区，还包括形成区内的不良地质现象分布区、泥石流沟道、泥石流冲出沟口进入主河道后对下游河段造成的危害区范围等。

2. 地质灾害点危险性分级

地质灾害隐患点危险性按表 4.10 进行分级，划分为危险性大、危险性中等和危险性小三级。

表 4.10　崩塌、滑坡、泥石流地质灾害危险性分级表

危险性分级	稳定状态	危害对象	危害程度
危险性大	不稳定	城镇、厂矿、聚居区及主体建筑物	重大级以上
危险性中等	基本稳定	小型聚居区、分散农户及主体建筑物	较大级
危险性小	稳定	基本无居民及主体建筑物	一般级

（三）地质灾害危险性评价

1. 评价单元的划分

划分评价单元是为了方便计算和表达，充分反映地质灾害的地域分异。同一评价单元内部情况是一致的，即单元内部的属性认为是完全一致的，并认为单元之间有较大差异。单元大小划分应适当，太多计算工作量大，太少又很难反映区域分异的情况。

坡度、坡向图通过 DEM 提取，在空间分辨率一定的情况下（20m 等高距），数据组织方式（栅格大小）对其精度影响很大。较小的单元格使其坡度变得很陡，反映的地形起伏更大，反之亦然。因此，坡度作为地质灾害危险性分区最重要的因子之一，在一定程度上也影响了所选单元格的大小。

2. 评价因素的选择

将影响地质灾害发生的因子分为外部因子和内部因子（又称本底因子）两大类。外部因子主要包括降水、地震及人为因素。大多数外部因子只是诱发地质灾害发生的充分条件，具有偶然性或突发性。故在考虑影响因素时，应更着重于其本底因素。影响地质灾害发育的本底因子有很多，如地形坡度、坡向、高程、河网分布、地层岩性、断裂构造及人类工程活动等。

1）地形坡度。影响地质灾害发生的主要因素之一，随着坡度的增加，包括重力在内的剪切力增大，相应的滑坡、崩塌发生的概率也会增大。

2）坡向。不同斜坡坡向的太阳辐射强度等条件不同，影响了水蒸发、植被覆盖、坡面侵蚀等诸多因素，从而影响了斜坡地下水空隙压力的分布及岩土体的物理力学特性。坡向的影响主要表现在山坡的小气候和水热比的规律性差异。阳坡由于沟谷比阴坡发育，山坡陡而短，更易于发生滑坡；阳坡岩体风化破碎，易发生基岩崩滑；阴坡土层厚，易发生土体坍滑；阳坡易于发生基岩崩滑，阴坡土体保水，易于浅层坍滑。

3）高程。对地质灾害的分布产生影响表现在不同高程范围内具有不同的植被类型和植被覆盖率，不同高程范围地形坡度差异而存在局部集水平台，不同高程范围存在易于滑动的临空面，以及不同高程范围内的人类活动强度差异等，更重要的原因在于高程与地区降雨之间具有很好的相关性。

4）河网分布。在很大程度上决定了遭受地质灾害侵蚀的程度。地质灾害区域分布特征表现在山区各级河流的沿岸是地质灾害高密度分布带，山区河流是塑造和改造地表形态最活跃的营力，自然也是地质灾害等外动力地质作用最活跃的场所。距离河道越近，则地质灾害危险性越高。建立河网缓冲区，不同的缓冲区宽度代表不同地段受地质灾害影响程度也不一样。

5）地层岩性。滑坡产生的物质基础。不同的岩性及其结合关系对斜坡的变形破坏起着重要的作用。岩土体岩性结构特征对于滑坡、崩塌变形失稳的影响是很显然的，它们是决定斜坡岩土体强度、应力分布、变形破坏特征的基础，同时是滑坡、崩塌发生、发展的基础。不同的岩体及其组合因其岩性组合、坚硬程度和岩体结构的差异，滑坡、崩塌发育亦不相同。岩体结构特征对于滑坡、崩塌稳定性的影响在于地质结构面特别是软弱结构面的控制作用，这些软弱结构面往往构成滑坡体的滑动面和滑坡体的切割面。就斜坡破坏类型而言，工程地质岩组不仅控制了地质灾害的发育和分布，同时也在很大程度上制约其活动方式及规模。

6）断裂构造。地质灾害的发育一般都与断裂构造密切相关，尤其是在区域性断裂构造的交叉复合部位，由于岩石较为破碎，常常形成有利于地质灾害形成和发育的构造条件。在断裂附近地质灾害一般较为发育。

7）人类工程活动。例如，配套公路、通乡公路的修建，开挖坡脚，使坡体应力失衡导致滑坡、崩塌的产生。选择道路作为人类工程活动的一个代表性的危险因子，参与危险性预测。

3. 层次分析法危险性评价

（1）层次分析法原理

层次分析法（analytic hierarchy process，AHP）是将决策问题的有关元素分解成目标层、准则层及指标层等，在此基础上进行定性与定量分析的一种决策方法。其特点是对复杂决策问题的本质、影响因素及其内在关系等进行深入分析，构建一个层次结构模型，并利用一定的定量信息，使决策的思维过程数学化并最终求解问题（赵焕臣等，1986）。

A. 明确问题

确定评价范围和评价目的、对象；识别并筛选评价对象的若干影响因子，确定评价内容或影响因素及因子；进行评价对象的影响因素、因子的相关分析，明确各影响因素、因子之间的相互关系。

B. 构建层次结构模型

根据对评价指标体系的初步分析，将评价系统按其组成层次构成一个树状层次结构，在层次分析中，一般可分为3个层次：目标层、准则层和指标层。其中第一级是目标层，表示决策者所要达到的目标；第二级是准则层，表示衡量是否达到目标的判别准则（因素层）；第三级是指标层，表示与目标相关的若干影响因子。

C. 重要性等级确定

以相对比较为主，从第二层开始，针对上一层某个元素，对下一层与之相关的元素进行两两比较，并按其重要程度评定等级。记 a_{ij} 为 i 元素比 j 元素的重要性等级，表4.11列出了9个重要性等级。其中 $a_{ij} = \{2, 4, 6, 8, 1/2, 1/4, 1/6, 1/8\}$ 表示重要性等级介于 $a_{ij} = \{1, 3, 5, 7, 9, 1/3, 1/5, 1/7, 1/9\}$ 相应值之间时的等级。

遵循一致性原则，当 i 元素比 j 元素重要、j 元素比 k 元素重要，则认为 i 元素一定比 k 元素重要。

表 4.11　危险性评价元素重要性等级表

序号	重要性等级	含义
1	1	i、j 两元素同样重要
2	3	i 元素比 j 元素稍重要
3	5	i 元素比 j 元素明显重要
4	7	i 元素比 j 元素强烈重要
5	9	i 元素比 j 元素极端重要
6	1/3	i 元素比 j 元素稍不重要
7	1/5	i 元素比 j 元素明显不重要
8	1/7	i 元素比 j 元素强烈不重要
9	1/9	i 元素比 j 元素极端不重要

D. 构造判断矩阵

在每一层次上，按照上一层次的对应准则要求，对该层次的元素（指标）进行逐对比较，依照规定的重要性等级定量化后，写成矩阵形式，即 $A = [a_{ij}]$，A 即为判断矩阵。其中：$a_{ij} > 0$，$a_{ii} = 1$ 且 $a_{ij} = \dfrac{1}{a_{ji}}$，即 A 是正互反矩阵。构造判断矩阵是层次分析法的关键步骤。判断矩阵构造的方法有两种：一是专家讨论确定；二是专家咨询确定。

E. 层次排序计算及权重计算

层次排序计算及权重计算包括层次单排序及权重计算和层次总排序及权重计算。

层次单排序及权重计算的实质是计算特征矩阵的最大特征值 λ_{max} 及其相对应的特征向量 $\boldsymbol{\omega} = (\omega_1, \omega_2, \cdots, \omega_n)^T$。$\omega_1, \omega_2, \cdots, \omega_n$ 经均一化处理即为此层次各因素（或因子）的权重。

层次总排序及权重计算可据 $\boldsymbol{\omega}^{(s)} = \boldsymbol{P}^{(s)} \boldsymbol{P}^{(s-1)} \cdots \boldsymbol{P}^{(3)} \boldsymbol{P}^{(2)} \boldsymbol{\omega}^{(2)}$ 得出，其中，s 为总层数；$\boldsymbol{P}$ 为权重矩阵。

F. 一致性检验

在构造判断矩阵时，因专家在认识上的不一致，须考虑层次分析所得结论是否基本合理，需要对判断矩阵进行一致性检验，经过检验后得到的结果即可认为是可行的。

设 CI 为一致性指标，RI 为一致性指标均值，CR 为一致性比率。则

单个判断矩阵一致性检验的算法为

$$CI = \frac{\lambda_{max} - n}{n - 1} \tag{4.4}$$

$$CR = \frac{CI}{RI} \tag{4.5}$$

式中，n 为判断矩阵阶数；λ_{max} 为判断矩阵最大特征根；RI 为当指标数为 n 时的平均随机一致性指标。

RI 可据矩阵阶数查表4.12获得。

如 CR<0.1，检验通过；否则需对判断矩阵进行某些调整，重新检验。

表 4.12　一致性指标均 RI 值表

矩阵阶数	1	2	3	4	5	6	7	8	9	10	11
RI	0	0	0.58	0.90	1.12	1.24	1.32	1.41	1.45	1.49	1.51

判断矩阵的整体一致性检验的算法如下：

设已知以第 $k-1$ 层第 j 元素为准则的 $CI_j^{(k)}$、$RI_j^{(k)}$ 与 $CR_j^{(k)}$，$j = 1, 2, \cdots, n_{k-1}$，则第 k 层以上判断矩阵的整体一致性检验可按下式计算，如 $CR^{(k)} < 0.1$，则认为层次结构模型在第 k 层以上的所有判断矩阵满足整体一致性。

$$CI^{(k)} = (CI_1^{(k)}, CI_2^{(k)}, \cdots, CI_{n_{k-1}}^{(k)}) \boldsymbol{\omega}^{k-1} \tag{4.6}$$

$$RI^{(k)} = (RI_1^{(k)}, RI_2^{(k)}, \cdots, RI_{n_{k-1}}^{(k)}) \boldsymbol{\omega}^{k-1} \tag{4.7}$$

$$CR^{(k)} = \frac{CI^k}{RI^k} \quad k = 3, 4, \cdots, s \tag{4.8}$$

（2）指标体系权重确定

A. 权重的确定

根据地质灾害危险性预测的影响因子，建立因素的层次结构（图4.1）。地质灾害的危险性预测是目标层（U）；地形地貌、水文、地质、人类工程活动是准则层（U_i）；坡度、坡向、高程、河网分布、工程岩组、断层分布、公路分布是指标层（U_{ij}）。

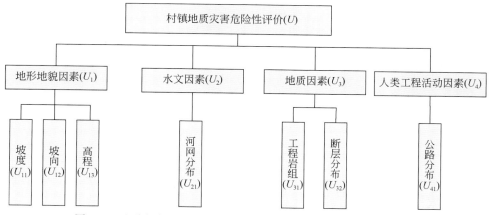

图4.1　地质灾害危险性影响因素层次结构图（未考虑地震因素）

B. 构造判断矩阵

在考虑实地情况的基础上，多个专家依据层次结构模型、1～9标度法，逐项就任意两个指标进行比较，得出各判断矩阵：

$$U = \begin{bmatrix} 1 & 3 & 1/3 & 1/2 \\ 1/3 & 1 & 1/5 & 1/3 \\ 3 & 5 & 1 & 3 \\ 2 & 3 & 1/3 & 1 \end{bmatrix} \tag{4.9}$$

$$U_1 = \begin{bmatrix} 1 & 3 & 3 \\ 1/3 & 1 & 2 \\ 1/3 & 1/2 & 1 \end{bmatrix} \tag{4.10}$$

$$U_2 = \begin{bmatrix} 1 & 1/2 \\ 2 & 1 \end{bmatrix} \tag{4.11}$$

（3）地质灾害危险性预测评价

根据各因子影响度的分析，将各因子图进行叠加分析。将各评价指标进行统一变换后，影响因子在空间上具有一致性。评价模型设 $f_i(i=1,2,3,4,\cdots)$，每个 f_i 对应一个评价因子；每个因子对应一集合 V_i，$V_i = (V_{i1},\cdots,V_{ij},\cdots,V_{in})$，$i=1,2,\cdots,m$，为因子个数，$j=1,2,\cdots,n$，为因子属性分级。显然，每个因子的属性集都是一个对指定的 f_i 从危险性大到危险小的序列集。经叠置分析后，每个图斑都存在一个组合，$V = (V_{1j} \cap V_{2j} \cap V_{3k} \cap \cdots \cap V_{mp})$，$i,j,k,\cdots,p$ 为 $1,2,3,\cdots,n$。

4. 地质灾害危险性指数

在地质灾害易发指数的基础上叠加降水量、地质构造、人类工程活动等因子，计算地质灾害危险性指数进行危险性分区评价。地质灾害危险性影响因子权重按表 4.13 取值。

表 4.13　地质灾害危险性影响因子取值表

影响因子	权重	量化值 3	量化值 2	量化值 1
地质灾害易发指数	0.5	高易发	中易发	低易发
地质构造	0.15	强烈抬升区，主要断裂及岩层破碎区	其他分支断裂及褶皱核部，岩体节理裂隙发育	受构造作用较小，岩体较完整区
降水量	0.15	年均降水量大于400mm	年均降水量为200～400mm	年均降水量小于200mm
人类工程活动	0.3	县城、省道103沿线、主要场镇、大中型工矿企业、水电站等	县道、聚居区、小型工矿企业、旅游景区等	无人或少人区，人类工程活动微弱区

三、地质灾害风险评估方法

(一) 地质灾害点风险评估

评估单沟泥石流的风险，主要应用高分辨率遥感影像对单沟泥石流及承灾体进行解译，分别得到危险性评估结果和易损性评估结果，然后在 GIS 平台上将泥石流危险性和易损性进行量化赋值，并进行矩阵叠加分析和计算，从而实现风险评估及分区（黄润秋和 Malone，2000）。

泥石流危险区按表 4.14 进行划分，得到单沟泥石流危险性分区图。

表 4.14　泥石流活动危险区域划分表

危险分区	判别特征
极危险区	1. 泥石流、洪水能直接到达的地区：历史最高泥位或水位线及泛滥线以下地区； 2. 河沟两岸已知的及预测可能发生崩坍、滑坡的地区：有变形迹象的崩坍、滑坡区域内和滑坡前缘可能到达的区域内； 3. 堆积扇挤压大河或大河被堵塞后诱发的大河上、下游的可能受灾地区
危险区	1. 最高泥位或水位线以上加堵塞后的雍高水位以下的淹没区，溃坝后泥石流可能达到的地区； 2. 河沟两岸崩坍、滑坡后缘裂隙以上 50～100m 范围内，或按实地地形确定； 3. 大河因泥石流堵江后在危险区以外的周边地区仍可能发生灾害的区域
影响区	高于危险区与危险区相邻的地区，它不会直接与泥石流遭遇，但却有可能间接受到泥石流危害的牵连而发生某些级别灾害的地区
安全区	极危险区、危险区、影响区以外的地区为安全区

易损性判定主要通过高分辨率遥感影像资料，对遭受泥石流灾害威胁的承灾体进行解译。承灾体类型主要分为人口密度、建筑类型、道路用地及农业用地四大类，并按用地类

型赋予权，然后对各类承灾体进行解译并赋值（表4.15）。将各类承灾体的解译结果在GIS平台上进行空间叠加分析，根据赋值相加结果绘制易损性分区图。

根据危险性和易损性的分区赋值结果，再进行矩阵叠加，分别用不同颜色表示高风险区、较高风险区、中等风险区、较低风险区和低风险区（图4.2）。

表4.15　泥石流承灾体易损性分级赋值表

承灾体类型	权重	量化值4	量化值3	量化值2	量化值1
人口密度	1	工厂、学校等人口密集地区	城镇民房、办公区等	道路、广场及分散农户区等	农业生产用地区
建筑类型	0.5	框架结构（层数>5层）	框架结构（层数<5层）	砖木结构	土木结构、规划建筑用地
道路用地	0.35	省道及城镇道路	县道及乡镇道路	乡道及农村集中居住区道路	村道及农业生产道路
农业用地	0.15	耕地	园地	林地	荒地

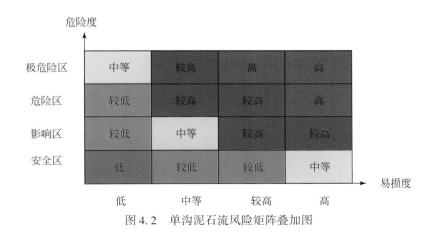

图4.2　单沟泥石流风险矩阵叠加图

（二）区域地质灾害风险评估

1. 易损性评价

（1）评价流程

主要对区域的社会易损性和物质经济、资源环境易损性进行评价。首先，根据数据资料和调查结果，选取区域内典型的易损性评价因子，划分各因子分级标准，利用层次分析法求出各因子的权重。然后，选择合适的评价单元，利用选择的评价模型，进行易损性评价。最后，利用GIS平台生成易损性评价图（Lee and Pradhan，2006；吴树仁等，2012）。

（2）评价单元的选取

进行易损性评价时，需考虑将最小空间图元作为评价单元，评价单元可以是规则单元，也可以是不规则单元，如自然斜坡或地貌单元、行政单元。

选择栅格评价单元作为本次地质灾害评价的评价单元。栅格单元是人为设计的规则四边形单元，具有简洁、便于计算的特点，常被相关学者采用。通过划分出评价单元，利用GIS给每个栅格赋上评价因子数值，利用其空间叠加分析功能，可以开展研究区的相关分析。选用栅格单元作为易损性评价的评价单元时，栅格大小的确定十分重要，栅格单元尺寸选取太大，会导致评价单元内部各影响因子的均一性不能得到保证，栅格单元尺寸选取太小，会造成数据太多，栅格计算困难。因此，栅格单元尺寸的选取首先考虑栅格单元的大小能满足评价精度的要求，可充分反映一定比例尺下各地质要素的空间分布及其属性特征，另外还要充分考虑计算机数据处理能力，在保证一定精度的评价结果情况下，尽可能地保证计算机运行的速度。

国内外一些学者提出了栅格大小的经验计算公式，通过DEM实验回归分析得到了如下所示的经验公式：

$$G_s = 7.49 + 6 \times 10^{-4} \times S - 2.0 \times 10^{-6} + 2.9 \times 10^{-15} \times S^2 \tag{4.12}$$

式中，G_s 为建议栅格评价单元大小；S 为评价工作比例尺分母。

研究区采用的基础数据比例尺为1∶10000，代入经验公式计算所得建议栅格单元大小为20m，进行20m×20m栅格化。

（3）评价指标体系

评价因子的选取决定易损性评价结果能否较准确地反映承灾体的易损特征。理论上，所有被地质灾害威胁的事物都是承载体，都应该作为评价因子，但由于很多因子不能量化而无法实现。易损性评价因子的选取应满足以下4个原则。

1）区域性原则：区域易损性评价是对整个研究区承灾体的特性及分布规律进行评价，选择的评价因子应能较好地代表区域承灾体的特征，反映区域易损性的主要内容。

2）可比性原则：选取评价指标时既要考虑重要易损性因子不可缺少，也要考虑所选评价因子在区域可进行易损性水平的比较。

3）可操作性原则：选择评价指标时需考虑资料是否方便获取，并且选择可以量化的数据，这样才能保证易损性评价的顺利进行。

4）动态性原则：易损性评价指标是否可以及时更新，实时地反映地质灾害可能造成的损失情况。

刘希林将易损性因子归结为以下四类。

1）社会易损性：主要是对人口和社会结构进行评价，包括人口密度和受教育情况等，但由于涉及人的性命，故社会易损性很难用经济指标恒定。

2）经济易损性：主要考虑评估区域的经济情况，为无形资产，可用国内生产总值（gross domestic product，GDP）来评价。显然，单位面积上国内生产总值越大，地质灾害发生时经济损失就越大，即经济易损性就越大。

3）物质易损性：主要考虑评估区域的基础设施，为有形资产，可用单位面积上基础设施的价值来表示。显然，单位面积上基础设施价值越大，地质灾害发生时物质损失就越大。

4）环境易损性：主要考虑地质灾害发生时对评估区域自然资源环境的影响，包括空气、水资源和土地资源。

本次主要从社会易损性、物质经济易损性和资源环境易损性 3 个方面对区域进行易损性评价，构建易损性评价指标体系（图 4.3）。社会易损性因子用人口密度表征；物质经济易损性因子用公路交通密度表征；资源环境易损性用土地利用现状表征。

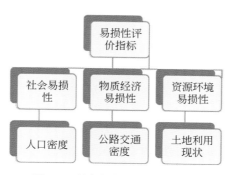

图 4.3　易损性评价指标体系图

（4）评价模型

目前，国内外学者对易损性的评价模型有很多，常用的有核算承灾体价值模型、人工神经网络模型、模糊综合评判模型、灰色聚类综合评判模型以及基于 ILWIS 软件的空间多准则评价（SMCE）方法等。易损性的难点在于人口易损性无法用货币衡量，刘希林和苏鹏程（2004）对泥石流风险性评价研究时，总结出的人口与财产的易损性拟合经验公式，把易损性评价因子分为财产指标和人口指标两大类，易损性定量表达为人口指标赋值和财产指标赋值平均值的平方根：

$$V = \sqrt{(FV_1 + FV_2)/2} \tag{4.13}$$

$$FV_1 = \frac{1}{1 + e^{(-0.25 \times (\log V_1 - 2))}} \tag{4.14}$$

$$FV_2 = 1 - e^{(-0.0035 V_2)} \tag{4.15}$$

式中，V 为易损性值，即易损性的量化数值，$0 \sim 1$；FV_1 为财产指标（V_1）的转换函数赋值，$0 \sim 1$；FV_2 为人口指标（V_2）的转换函数赋值，$0 \sim 1$；V_1 为财产指标，万元；V_2 为人口指标。

财产指标（V_1）是通过经济易损性、物质易损性和土地资源易损按下式求得：

$$V_1 = C + I + L \tag{4.16}$$

式中，C 为经济易损性指标；I 为物质易损性指标；L 为土地资源易损性指标。

由于本次评价不考虑经济易损性，所以只需要进行物质易损性和土地资源易损性的计算，物质易损性选择公路作为代表，土地资源易损性用下列公式求得：

$$L = A_i \times S \div 10000 \tag{4.17}$$

式中，L 为土地资源价值，万元；A_i 为各类土地资源的单价，元/m²；S 为土地资源易损性评价栅格单元的面积，m²。

人口易损性的评价比较复杂，需考虑人口密度、人口结构、受教育程度等各因子的权重。由于社会易损性评价中未考虑人口结构、受教育程度，因此用人口密度来代表人口易损性指标。

（5）易损性评价

在易损性评价因子选取，量化及评价模型确定的基础上，使用 GIS 软件栅格计算器工具，进行各评价因子的栅格计算。按照一定的规则划分为不同的易损性区间，分为极高易损区、高易损区、中易损区和低易损区。

2. 地质灾害风险评估

地质灾害风险评估是根据区域危险性和承载体的易损度分析结果，采用相应的技术方法对可能存在灾害风险的区域、风险规模、发生风险的可能性（概率），以及风险的分布范围进行定性或定量的评价，风险评估既考虑了地质灾害的自然属性也考虑了社会属性（马寅生等，2004；赵良军等，2017）。

地质灾害风险评估可以分为定性分析评估和定量计算评估，其选择与评估区域的大小、精度及获取数据的详细情况相关。

地质灾害风险性从概念上是指地质灾害发生的可能性，以及发生后造成损失的大小，可以表达为危险性和易损性两个因素的函数，1992 年联合国提出的自然灾害风险表达式为

$$风险 = 危险 \times 易损性 \tag{4.18}$$

该函数可以用风险三角形表达，三角形中危险性和易损性为三角形的两条直角边，地质灾害风险的值为三角形面积。这个三角形体现危险性、易损性越大，风险性的值也就越大；当无危险性或易损性时，则不存在风险性。

2000 年，刘希林在进行邵通地区泥石流风险性区划研究时，提出区域地质灾害风险性等级划分由危险性等级和易损性等级自动生成。经证明该方法比较合理，在风险性定性评价中得到广泛的应用。

当评估精度要求较高并获取数据较详细情况时可以进行定量风险评估，通常在单体地质灾害风险评估，或者在面积较小且重要区域进行风险评估时采用。在较大区域很少进行定量地质灾害风险评估。在地质灾害定量风险评估中，风险也同样通过危险和易损的乘积获得，但危险和易损的表达与定性表达中危险性等级和易损性等级有所区别。国内外常用的地质灾害定量风险评估方法见表 4.16。

表 4.16　国内外常用地质灾害定量风险评价公式列表

资料来源	风险公式	说明
Jones	$R_s = P(H_i) \times \sum (E \times V \times E_x)$ $R_t = \sum R_s$	R_t 为总风险；R_s 为单向风险；$P(H_i)$ 为危险性；E 为承载体价值；V 为易损性；E_x 为受灾体价值

续表

资料来源	风险公式	说明
Morgan	$R = P(H) \times P(S/H) \times V(P/S) \times E$	$P(H)$ 为滑坡事件的年概率；$P(S/H)$ 为滑坡事件的空间概率；$V(P/S)$ 为易损性；E 为承载体价值
张业成	$ZR = R_1 + Z_w + Z_s$ $ZJ = J_1 + Z_w + Z_s$	ZR、ZJ 分别为人员伤亡和经济损失；R_1、J_1 分别为人口死亡率和经济死亡率；Z_w 为危险性；Z_s 为易损性
张春山	$D(S) = (D_{wi}, D_{yn}) \times L(D_{wi}, D_{yn}) \times (1 - D_f)$	$D(S)$ 为损失值；D_{wi} 为危险等级；D_{yn} 为受灾类型；D_f 为减灾有效度
金江军	风险＝危险性×易损性÷防灾减灾能力	

参考前人的研究成果，在地质灾害危险性与易损性等级划分的基础上，建立地质灾害风险定性分级矩阵（图 4.4）。

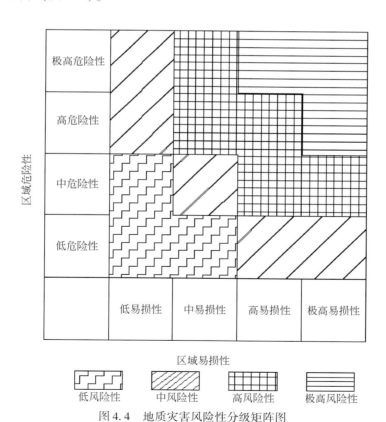

图 4.4　地质灾害风险性分级矩阵图

第二节　南疆兵团地质灾害危险性评价

一、地质灾害灾情与危害程度评价

根据 2019 年新疆生产建设兵团辖区地质灾害调查成果统计,截止到 2019 年年底,南疆兵团辖区内 254 处地质灾害点中,151 处地质灾害点发生灾害损失,共造成 3 人死亡,约 1.23 亿元经济损失。其中造成灾害损失的滑坡 47 处,经济损失约 70 万元;崩塌 65 处,死亡 3 人,经济损失约 5073 万元;泥石流 39 处,经济损失约 7119 万元。崩塌、泥石流单点危害及危害总量均较大。地质灾害灾情等级以一般级为主;滑坡灾情等级均属一般级;1 处崩塌灾情等级属特大级,其他均属一般级;泥石流灾情等级以一般级为主。

南疆兵团 254 处地质灾害隐患点共威胁 589 人,威胁资产约 0.97 亿元。其中滑坡威胁 276 人,149.41 万元;崩塌威胁 15 人,755.53 万元;泥石流威胁 298 人,8778.05 万元。地质灾害险情等级以一般级为主,共 249 处,占地质灾害总数的 98%,较大级 3 处、一般级 2 处;第一师险情等级一般级 15 处、重大级 1 处;第二师险情等级一般级 31 处、较大级 2 处;第三师险情等级一般级 99 处、重大级 1 处;第十四师险情等级一般级 104处、较大级 1 处。

二、地质灾害危险性评价

根据南疆兵团孕灾地质环境特征、地质灾害发育现状及受威胁对象情况定性评价各农牧团场地质灾害危险性。托云牧场、叶城二牧场、一牧场地质灾害危险性大,2 团、4 团、5 团、21 团、25 团、29 团、30 团、36 团、223 团等 9 个农牧团场地质灾害危险性中等,其他团场地质灾害危险性小(表 4.17)。

表 4.17　南疆兵团各农牧团场地质灾害危险性评估表

师(市)	农牧团场	地质环境概况	地质灾害概况	危险性
第一师	1 团	山前冲积平原边缘,平坝、斜坡,地质灾害低易发区	无	危险性小
	2 团	山前冲积平原边缘,平坝、斜坡,地质灾害低易发区	1 处地质灾害	危险性中等
	3 团	山前平坝区,海拔约 1000m,地质灾害低易发区	无	危险性小
	4 团	中山河谷区,地形起伏大,地质灾害中-高易发区	7 处地质灾害	危险性中等
	5 团	中山河谷区,团场位于河流出山口冲积扇斜坡地带,地质灾害中-高易发区	8 处地质灾害	危险性中等
	6 团	阿克苏河流阶地,地形起伏小,地质灾害低易发区	无	危险性小
	7 团	阿克苏河流阶地,地形起伏小,地质灾害低易发区	无	危险性小
	8 团	阿克苏河下游阶地,地形起伏小,地质灾害低易发区	无	危险性小
	阿拉尔农场	塔里木河阶地,地形起伏小,地质灾害低易发区	无	危险性小

师（市）	农牧团场	地质环境概况	地质灾害概况	危险性
第一师	10 团	塔里木河阶地，地形起伏小，地质灾害低易发区	无	危险性小
	11 团	塔里木河阶地，地形起伏小，地质灾害低易发区	无	危险性小
	12 团	塔里木河阶地，地形起伏小，地质灾害低易发区	无	危险性小
	13 团	塔里木河阶地，地形起伏小，地质灾害低易发区	无	危险性小
	14 团	塔里木河阶地，地形起伏小，地质灾害低易发区	无	危险性小
	幸福农场	塔里木河阶地，地形起伏小，地质灾害低易发区	无	危险性小
	16 团	塔里木河阶地，地形起伏小，地质灾害低易发区	无	危险性小
第二师	21 团	开都河下游阶地，平坝、斜坡，地质灾害低易发区	无	危险性中等
	22 团	开都河下游阶地，地质灾害低易发区	2 处地质灾害	危险性小
	23 团	开都河下游阶地，地质灾害低易发区	无	危险性小
	24 团	山前平坝、斜坡，地质灾害低易发区	1 处地质灾害	危险性小
	25 团	山前平坝、中山河谷，地质灾害中–高易发区	6 处地质灾害	危险性中等
	26 团	山前平坝区，地形起伏小，地质灾害低中–易发区	无	危险性小
	27 团	山前平坝区，地形起伏小，地质灾害低中–易发区	无	危险性小
	28 团	山前平坝区，地形起伏小，地质灾害低中–易发区	无	危险性小
	29 团	山前平坝、中山河谷区，地质灾害中–高易发区	10 处地质灾害	危险性中等
	30 团	山前平坝、斜坡区，地质灾害中–低易发区	2 处地质灾害	危险性中等
	31 团	塔里木河阶地，地形起伏小，地质灾害低易发区	无	危险性小
	32 团	塔里木河阶地，地形起伏小，地质灾害低易发区	无	危险性小
	33 团	塔里木河阶地，地形起伏小，地质灾害低易发区	无	危险性小
	34 团	塔里木河阶地，地形起伏小，地质灾害低易发区	无	危险性小
	35 团	塔里木河阶地，地形起伏小，地质灾害低易发区	无	危险性小
	36 团	山前平坝，山区河谷，地质灾害低–中易发区	2 处地质灾害	危险性中等
	37 团	山区平坝区，地形起伏小，质灾害低易发区	无	危险性小
	38 团	山区平坝区、冲洪积扇，地形起伏小，质灾害低易发区	无	危险性小
	223 团	山区平坝、斜坡，地质灾害中–低易发区	9 处地质灾害	危险性中等
第三师	41 团	盖孜河阶地，地形起伏小，地质灾害低易发区	无	危险性小
	42 团	平坝区，地形起伏小，地质灾害低易发区	无	危险性小
	43 团	叶尔羌河阶地，地形起伏小，地质灾害低易发区	无	危险性小
	44 团	叶尔羌河阶地，地形起伏小，地质灾害低易发区	无	危险性小
	45 团	叶尔羌河阶地，地形起伏小，地质灾害低易发区	无	危险性小
	46 团	叶尔羌河阶地，地形起伏小，地质灾害低易发区	无	危险性小
	48 团	叶尔羌河阶地，地形起伏小，地质灾害低易发区	无	危险性小
	49 团	河谷阶地，地形伏小，地质灾害低易发区	无	危险性小
	50 团	叶尔羌河、喀什噶尔河间阶地，地形起伏小，地质灾害低易发	无	危险性小

师（市）	农牧团场	地质环境概况	地质灾害概况	危险性
第三师	51团	喀什噶尔河阶地，地形起伏小，地质灾害低易发区	无	危险性小
	52团	叶尔羌河、喀什噶尔河间阶地，地形起伏小，地质灾害低易发	无	危险性小
	53团	叶尔羌河、喀什噶尔河间阶地，地形起伏小，地质灾害低易发	无	危险性小
	托云牧场	中高山、河谷区，地形起伏大，构造发育，岩体破碎，地质灾害高易发区	62处地质灾害	危险性大
	红旗农场	山区冲洪积扇，地形起伏小，地质灾害低易发区	无	危险性小
	东风农场	山区冲洪积扇，地形起伏小，地质灾害低易发区	无	危险性小
	叶城二牧场	中高山、河谷区，地形起伏大，构造发育，岩体破碎，地质灾害高易发区	33处地质灾害	危险性大
	莎车农场	平坝区，地质灾害低易发区	无	危险性小
	伽师总场	喀什噶尔河阶地，地形起伏小，地质灾害低易发区	无	危险性小
第十四师	47团	平坝区，地质灾害低易发区	无	危险性小
	224团	平坝区，地质灾害低易发区	无	危险性小
	225团	平坝区，地质灾害低易发区	无	危险性小
	一牧场	中高山、河谷区，地形起伏大，构造发育，岩体破碎，地质灾害高易发区	105处地质灾害	危险性大
	皮山农场	平坝区，地质灾害低易发区	无	危险性小

第三节　托云牧场地质灾害风险评估

一、地质灾害易发性分区

根据定量和定性划分结果，并结合托云牧场实际情况综合划分地质灾害易发区，将一连划分为高易发区、中易发区、低易发区和不易发区4个大区9个亚区（表4.18，图4.5），二连划分为4个大区11个亚区（表4.19，图4.6）。

表 4.18　托云牧场一连地质灾害易发分区统计表

大区	亚区	面积/km²	滑坡/处	崩塌/处	泥石流/条	合计/处
I	I-1	1.16	3	8	5	16
	I-2	3.05	0	0	7	7
	I-3	1.49	0	3	2	5

续表

大区	亚区	面积/km²	滑坡/处	崩塌/处	泥石流/条	合计/处
II	II-1	14.82	0	3	0	3
	II-2	8.07	0	0	0	0
III	III-1	7.06	0	0	0	0
	III-2	4.76	0	0	0	0
IV	IV-1	1.84	0	0	0	0
	IV-2	3.21	0	0	0	0

注：I 为高易发区；II 为中易发区；III 为低易发区；IV 为不易发区，下同。

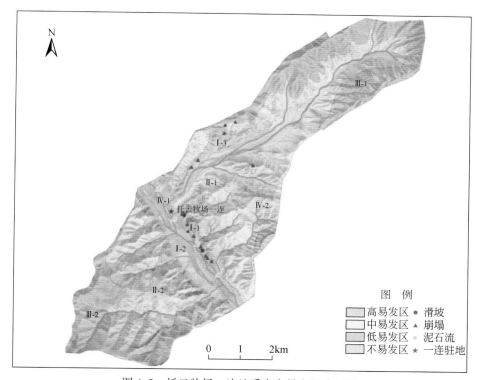

图4.5　托云牧场一连地质灾害易发性分区图

表4.19　托云牧场二连地质灾害易发分区统计表

大区	亚区	面积/km²	滑坡/处	崩塌/处	泥石流/条	合计/处
I	I-1	2.77	1	2	7	10
	I-2	2.24	0	2	2	4
	I-3	4.49	0	2	6	8
	I-4	3.44	0	2	2	5
	I-5	0.51	0	1	3	4

续表

大区	亚区	面积/km²	滑坡/处	崩塌/处	泥石流/条	合计/处
II	II-1	4.41	0	0	0	0
	II-2	6.17	0	0	0	0
	II-3	8.04	0	0	1	1
III	III-1	2.16	0	0	0	0
	III-2	2.61	0	0	0	0
IV		4.45	0	0	0	0

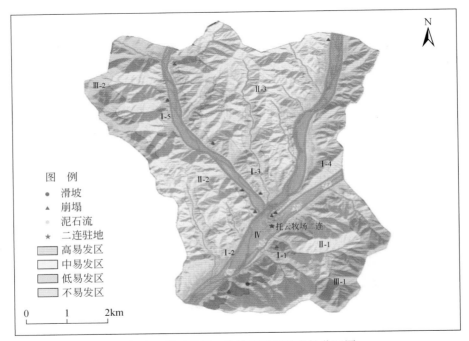

图 4.6　托云牧场二连地质灾害易发性分区图

(一) 地质灾害高易发区

托云牧场一连地质灾害高易发区主要位于苏约克河及其支流两岸中山区,面积为 5.7km²,区内共发育地质灾害点 28 处。根据所处的流域和地质灾害分布特征将高易发区划分为 3 个亚区,其中 I-1 区面积为 1.16km²、I-2 区面积为 3.05km²、I-3 区面积为 1.49km²。

托云牧场二连地质灾害高易发区主要位于铁列克河及其支流两岸中山区,面积为 13.45km²,区内共发育地质灾害点 22 处。根据所处的流域和地质灾害分布特征将高易发区划分为 5 个亚区,其中 I-1 区面积为 2.77km²、I-2 区面积为 2.24km²、I-3 区面积为 4.49km²、I-4 区面积为 3.44km²、I-5 区面积为 0.51km²。

（二）地质灾害中易发区

托云牧场一连地质灾害中易发区主要位于高易发区外围的中高山区，面积为 22.89km² 。区内共发育地质灾害隐患点 3 处，均为崩塌，区内沟道两侧地形较陡处也发育较多危岩。根据所处部位及地质灾害发育特征将中易发划分为两个亚区，其中Ⅱ-1 区面积为 14.82km² 、Ⅱ-2 区面积为 8.07km² 。

托云牧场二连地质灾害中易发区主要位于高易发区外围的中高山区，面积为 18.62km² 。区内共发育地质灾害隐患点 1 处。根据所处部位及地质灾害发育特征将中易发划分为 3 个亚区，其中Ⅱ-1 区面积为 4.41km² 、Ⅱ-2 区面积为 6.17km² 、Ⅱ-3 区面积为 8.04km² 。

（三）地质灾害低易发区

地质灾害低易发区主要位于近分水岭处的高山区，区内人类工程活动少。根据空间位置及地貌特征，托云牧场一连低易发区又划分为两个亚区，Ⅲ-1 区面积为 7.06km² 、Ⅲ-2 区面积为 4.76km² ；托云牧场二连低易发区划分为两个亚区，Ⅲ-1 区面积为 2.16km² 、Ⅲ-2 区面积为 2.61km² 。

（四）地质灾害不易发区

地质灾害不易发区为区内一连苏约克河、二连铁列克河及主要支流的河流宽谷区，区内河谷宽阔，地质灾害不易发。

二、地质灾害危险性评价

（一）地质灾害点危险性评价

根据地质灾害灾情分级标准评价，托云牧场一连 N4 泥石流灾情、危害程度较大，其他 61 处灾害点灾情、危害程度一般。区内地质灾害威胁 200 人、11km 国防公路，受威胁资产约 3000 万元（表 4.20 ~ 表 4.23）。

根据地质灾害点危险性评估方法，托云牧场地质灾害危险性大的地质灾害点 1 处、危险性中等 30 处、危险性小 31 处，分别占灾害点总数的 1.6% 、48.4% 、50% 。

表 4.20　托云牧场地质灾害灾情与危害程度统计表

灾害类型	灾情				危害程度			
	特大级	重大级	较大级	一般级	特大级	重大级	较大级	一般级
滑坡/处				4				4
崩塌/处				24				24
泥石流/条			1	33			1	33
合计/处	0	0	1	61	0	0	1	61

表 4.21　托云牧场泥石流地质灾害危害性统计表

连队	编号	东经	北纬	规模	易发程度	灾情等级	危害程度	危险性	威胁对象
一连	N1	75°8′39″	40°19′10″	小型	中等	一般级	一般级	中等	国防公路
	N2	75°8′34″	40°19′13″	小型	中等	一般级	一般级	中等	国防公路
	N3	75°8′30″	40°19′22″	小型	中等	一般级	一般级	中等	国防公路
	N4	75°8′24″	40°19′33″	小型	中等	较大级	较大级	大	国防公路、营地
	N5	75°8′20″	40°19′48″	小型	中等	一般级	一般级	中等	国防公路
	N6	75°8′14″	40°19′50″	小型	中等	一般级	一般级	中等	国防公路
	N7	75°8′9.2″	40°19′28″	小型	低易发	一般级	一般级	小	村道
	N8	75°8′16″	40°19′7″	小型	低易发	一般级	一般级	小	村道、农田
	N9	75°8′28″	40°18′41″	小型	低易发	一般级	一般级	小	村道、牧点
	N10	75°8′42″	40°18′29″	小型	低易发	一般级	一般级	小	村道
	N11	75°9′5″	40°18′11″	小型	低易发	一般级	一般级	小	村道
	N12	75°9′14″	40°18′03″	小型	低易发	一般级	一般级	小	村道
	N13	75°9′25″	40°17′58″	小型	低易发	一般级	一般级	小	村道
	N14	75°9′29″	40°18′27″	小型	中等	一般级	一般级	中等	国防公路
二连	N01	75°45′44″	40°8′32″	小型	易发	一般级	一般级	中等	国防公路
	N02	75°45′55″	40°8′38″	中型	易发	一般级	一般级	中等	国防公路
	N03	75°45′58″	40°8′43″	小型	易发	一般级	一般级	中等	国防公路
	N04	75°46′14″	40°8′56″	小型	易发	一般级	一般级	中等	国防公路
	N05	75°46′30″	40°9′03″	小型	易发	一般级	一般级	中等	国防公路
	N06	75°46′52″	40°9′19″	中型	易发	一般级	一般级	中等	国防公路、草场
	N07	75°47′08″	40°9′32″	小型	易发	一般级	一般级	中等	国防公路、牧点
	N08	75°45′54″	40°9′21″	中型	易发	一般级	一般级	小	草场、河道
	N09	75°46′27″	40°9′37″	小型	易发	一般级	一般级	小	草场、河道
	N10	75°45′12″	40°11′18″	中型	易发	一般级	一般级	小	草场、河道
	N11	75°45′11″	40°11′40″	小型	易发	一般级	一般级	小	牧点、草场、河道
	N12	75°45′07″	40°11′58″	小型	易发	一般级	一般级	小	牧点、草场、河道
	N13	75°45′27″	40°12′25″	小型	易发	一般级	一般级	小	牧点、草场、河道
	N14	75°45′34″	40°11′28″	小型	易发	一般级	一般级	小	牧点、草场、河道
	N15	75°46′53″	40°10′23″	中型	易发	一般级	一般级	小	牧点、草场、河道
	N16	75°47′06″	40°10′26″	中型	易发	一般级	一般级	小	草场、河道
	N17	75°47′49″	40°10′57″	中型	易发	一般级	一般级	小	草场、河道
	N18	75°48′19″	40°12′06″	中型	易发	一般级	一般级	小	牧点、草场、河道
	N19	75°47′47″	40°11′59″	中型	易发	一般级	一般级	小	草场、河道
	N20	75°47′57″	40°12′29″	小型	易发	一般级	一般级	小	牧点、草场、河道

表 4.22 托云牧场崩塌地质灾害危害性统计表

连队	编号	东经	北纬	体积/m³	规模	目前稳定性	发展趋势	灾情等级	危害程度	危险性	威胁对象
一连	B1	75°8′43″	40°19′9″	15200	中型	不稳定	不稳定	一般级	一般级	中等	国防公路
	B2	75°8′46″	40°19′00″	6000	小型	不稳定	不稳定	一般级	一般级	中等	国防公路
	B3	75°8′27″	40°19′30″	4500	小型	不稳定	不稳定	一般级	一般级	中等	国防公路、居民点
	B4	75°9′5″	40°18′6″	9000	小型	不稳定	不稳定	一般级	一般级	中等	国防公路
	B5	75°9′12″	40°18′46″	2000	小型	不稳定	不稳定	一般级	一般级	中等	国防公路
	B6	75°9′15″	40°18′43″	6000	小型	不稳定	不稳定	一般级	一般级	中等	国防公路
	B7	75°9′19″	40°18′40″	1200	小型	不稳定	不稳定	一般级	一般级	中等	国防公路
	B8	75°9′00″	40°20′27″	3000	小型	不稳定	不稳定	一般级	一般级	小	村道、牧点
	B9	75°9′33″	40°20′52″	1200	小型	不稳定	不稳定	一般级	一般级	小	村道
	B10	75°9′44″	40°21′5″	5000	小型	不稳定	不稳定	一般级	一般级	小	牧点
	B11	75°9′48″	40°21′5″	3000	小型	不稳定	不稳定	一般级	一般级	小	牧点
	B12	75°10′9″	40°20′24″	3000	小型	不稳定	不稳定	一般级	一般级	小	草场
	B13	75°8′52″	40°20′19″	1800	小型	不稳定	不稳定	一般级	一般级	小	草场
二连	B01	75°46′12″	40°8′44″	9000	中型	不稳定	不稳定	一般级	一般级	中等	国防公路
	B02	75°47′03″	40°9′25″	5800	中型	不稳定	不稳定	一般级	一般级	中等	牧点国防公路
	B03	75°46′59″	40°9′55″	1000	小型	基本稳定	不稳定	一般级	一般级	中等	民兵哨所
	B04	75°46′42″	40°9′59″	2500	小型	不稳定	不稳定	一般级	一般级	小	牧点、河道
	B05	75°46′29″	40°10′20″	1500	小型	不稳定	不稳定	一般级	一般级	小	牧点、河道
	B06	75°46′00″	40°11′05″	2800	小型	不稳定	不稳定	一般级	一般级	小	草场、河道
	B07	75°46′48″	40°10′16″	2000	小型	不稳定	不稳定	一般级	一般级	小	牧点、河道
	B08	75°45′14″	40°11′46″	2500	小型	不稳定	不稳定	一般级	一般级	小	草场、河道
	B09	75°47′03″	40°9′57″	11000	中型	不稳定	不稳定	一般级	一般级	中等	边防五连
	B10	75°47′08″	40°10′00″	3000	小型	不稳定	不稳定	一般级	一般级	中等	边防五连
	B11	75°48′12″	40°12′13″	800	小型	不稳定	不稳定	一般级	一般级	中等	国防公路

表 4.23 托云牧场滑坡地质灾害危害性统计表

连队	编号	东经	北纬	体积/m³	规模	目前稳定性	灾情等级	危害程度	危险性	发展趋势	威胁对象
一连	H1	75°8′31.2″	40°19′26.4″	71840	小型	基本稳定	一般级	一般级	中等	不稳定	国防公路
	H2	75°8′20″	40°19′36″	10100	小型	基本稳定	一般级	一般级	中等	不稳定	国防公路、营地
	H3	75°8′54.2″	40°18′51.1″	27000	小型	基本稳定	一般级	一般级	中等	不稳定	国防公路
二连	H1	75°46′44″	40°8′52.22″	250000	小型	基本稳定	一般级	一般级	中等	蠕变	国防公路、河道

（二）地质灾害危险性分区评价

根据地质灾害易发程度及受威胁对象进行危险性分区评价，采用地质灾害危险性指数（$W_危$）划分危险性等级，再根据研究区实际情况进行局部调整。

托云牧场一连地质灾害危险性划分为危险性大、危险性中、危险性小 3 个大区 7 个亚区（图 4.7）。地质灾害危险性大的区域主要位于苏约克河、国防公路沿线等地，该区域地质灾害发育，属地质灾害高易发区，人口相对密集，一旦发生地质灾害，人员伤亡及财产损失较大，特别是 N4 泥石流直接威胁一连连队，因此危险性大。对于人口较少、工程经济活动较少、地质灾害中易发区，地质灾害危险性中等，主要位于河道两侧斜坡上、支沟沿线等。大量无人或少人区内偶有工程活动，财产少，地质灾害中易发或低易发区，地质灾害危险性小。

托云牧场二连地质灾害危险性划分为危险性大、危险性中、危险性小 3 个大区 12 个亚区（图 4.8）。地质灾害危险性大的区域主要位于铁列克河及其支流沿线以及国防公路沿线等地，该区域地质灾害发育，属地质灾害高易发区，人口相对密集，一旦发生地质灾害，人员伤亡及财产损失较大，因此危险性大。对于人口较少、工程经济活动较少、地质灾害中易发区，地质灾害危险性中等，主要位于河道两侧斜坡上、支沟沿线、居民分散居住区等。大量无人或少人区内偶有工程活动，财产少，地质灾害中易发或低易发区，地质灾害危险性小。

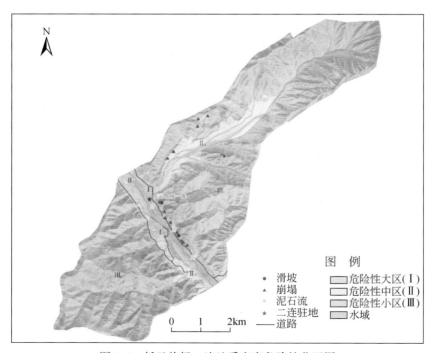

图 4.7　托云牧场一连地质灾害危险性分区图

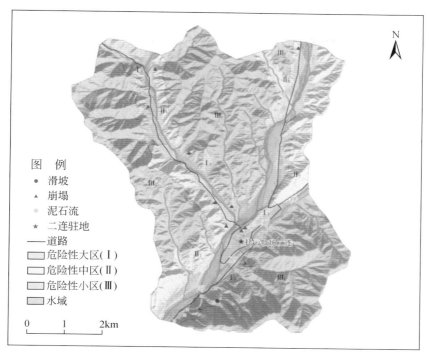

图 4.8　托云牧场二连地质灾害危险性分区图

三、地质灾害风险评估

（一）托云牧场二连 N6 泥石流风险评估

托云牧场二连 N6 泥石流风险评估的资料主要包括无人机航空拍摄影像、1∶20 万地质图、1∶5000 地形图、现场调查获取的流域特征资料等。

采用地质灾害点危险区评估方法，划分极危险区、危险区、影响区和安全区，以不同颜色分别表示危险性级别，得到危险性分区图（图 4.9）。

泥石流极危险区包括主沟沟道及发生泥石流后的堆积区；危险区包括河沟两岸滑坡后缘裂隙以上 100m 范围内，以及预测发生泥石流后可能到达的最高区域；影响区包括高于危险区和危险区相邻的地区，该区有可能间接受到泥石流危害。

通过对承灾体（人口、建筑、道路、农业用地等）的解译，按照易损性分级与赋值方法进行叠加分析，划分高、较高、中等、低 4 个易损性级别并用不同颜色（红、黄、蓝、绿）分别表示，从而得到易损性分区图（图 4.10）。易损性分区结果表明，该泥石流易损性高的区域主要为沟口居民房屋处；易损性较高的区域主要包括沟口人类活动频繁区；易损性中等的区域为泥石流沟道中下游及人类生产生活可能到达的区域；易损性低的区域为沟道两侧陡坡及山顶无人或少人区。

通过危险性与易损性的矩阵叠加计算，划分 5 个风险级别，并用红、紫、黄、蓝、绿色分别表示高、较高、中等、较低、低 5 个风险性级别，最终得到泥石流风险评估图（图 4.11）。

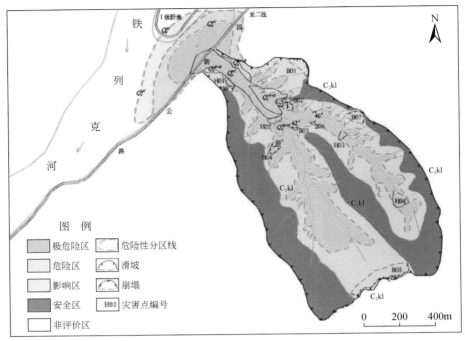

图 4.9　托云牧场二连 N6 泥石流危险性分区图

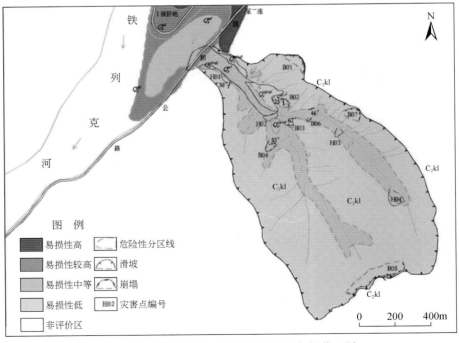

图 4.10　托云牧场二连 N6 泥石流易损性分区图

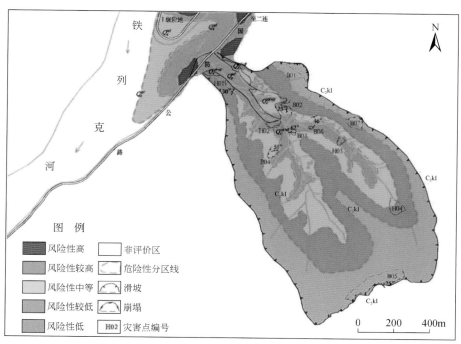

图 4.11　托云牧场二连 N6 泥石流风险度分级图

托云牧场二连 N6 泥石流高风险区面积约 1.89 万 m²，占总面积的 1.7%，主要为泥石流沟口两侧，居民房屋处，该区遭受泥石流冲击可能性大；较高风险区面积约 21.22 万 m²，占总面积的 18.9%，主要包括泥石流主沟道中下游、支沟沟道下游，以及泥石流可能到达堆积的区域，区内为人类从事生产生活经常到达的区域；中等风险区面积约 25.45 万 m²，占总面积的 22.7%，主要为泥石流中下游两岸泥石流影响区，区内基本无基础设施，人类活动较少；较低风险区面积约 31.29 万 m²，占总面积的 27.9%；低风险区面积约 32.29 万 m²，占总面积的 28.8%，主要为泥石流沟及其支沟两岸高陡斜坡区，植被覆盖较好，多为无人区（表 4.24）。

表 4.24　托云牧场二连 N6 泥石流风险分级面积统计表

风险分级	高风险区	较高风险区	中等风险区	较低风险区	低风险区
面积/万 m²	1.89	21.22	25.45	31.29	32.29
所占比例/%	1.7	18.9	22.7	27.9	28.8

（二）区域地质灾害风险评估

1. 易损性评价

（1）社会易损性

托云牧场连队人口的空间分布情况难以获取，针对区内人员主要以建筑物为活动中心，大多数人一天之中多半时间均是在房屋中度过，因此用连队房屋用地计算得到的人口密度作为易损性评价指标。将两个连队的人口总数均分到相应的房屋用地区域内，作为托云牧场人口分布密度的空间表达，得到人口易损性分级图（表4.25，图4.12、图4.13）。

表4.25　托云牧场连队面积及人口统计表

连队	人口数量/人	房屋用地面积/m²	人口密度/（人/m²）
一连	120	80000	666
二连	200	250000	1250

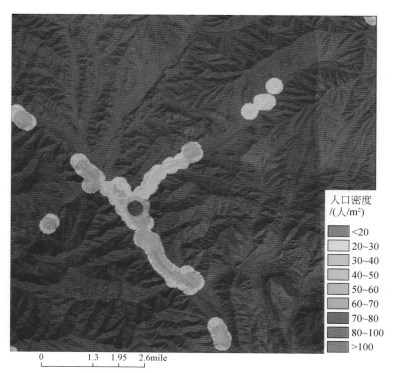

图4.12　托云牧场一连人口密度分级图

1mile＝1609m

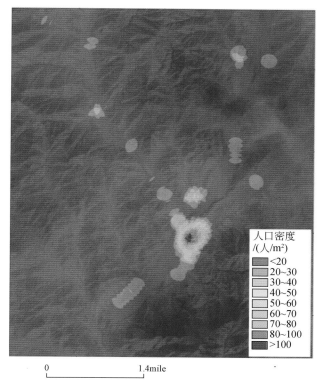

图 4.13　托云牧场二连人口密度分级图

（2）物质易损性

物质易损性主要考虑区内基础设施，主要包括交通设施、建筑物、设备和室内财产等有形资产。由于无法获得托云牧场建筑物的结构且在环境易损性评价中居民地也是一种土地利用类型，所以未选择建筑物及室内财产作为物质易损性评价的因子。托云牧场地处偏远，修路成本高，同时公路两旁都是地质灾害易发区，容易损毁公路，影响交通生命线，导致人们出行不便，造成的损失远大于地质灾害直接导致的损害，故选取公路交通密度来衡量物质经济易损性的大小。不同等级公路由于结构的不同而具有不同的受损概率，具体数值参考前人研究成果及当地情况。利用 GIS 软件以 2km 为搜索半径对托云牧场一连和二连公路线密度进行分析，统计单位面积上公路的易损性值（表 4.26，图 4.14、图 4.15）。

表 4.26　托云牧场公路易损性统计表

公路等级	单价/（元/m）	受损概率	受损值/（元/m）
高速公路	18000	0.35	6300
国道、省道	12000	0.38	4500
县乡道	5000	0.42	2100
机耕道	1000	0.58	550

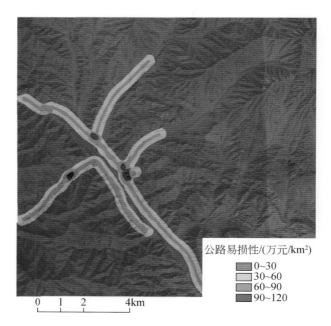

图 4.14　托云牧场一连公路易损性分级图

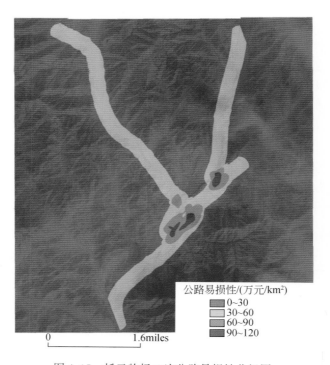

图 4.15　托云牧场二连公路易损性分级图

（3）资源环境易损性

资源环境易损性主要包括空气、水资源和土地资源等。托云牧场地质灾害的发生对空气和水资源影响较小，在进行易损性评价时主要考虑土地资源。由于不同土地资源类型的价值和受损概率不一样，易损性也不同。土地资源价格和受损概率参照以往的研究成果和当地实际情况而定。将各类土地资源单位面积的价格（受损值）作为评价单元易损性的量化指标（表4.27，图4.16、图4.17）。

表 4.27　托云牧场土地资源类型易损性统计表

土地类型	单价/（元/m²）	受损概率	受损值/（元/m²）
水系	100	0.10	20
草地	100	0.30	30
林地	300	0.20	60
耕地	300	0.30	90
居民地	600	0.60	270
裸地、雪地	50	0.10	5

图 4.16　托云牧场一连土地利用现状图

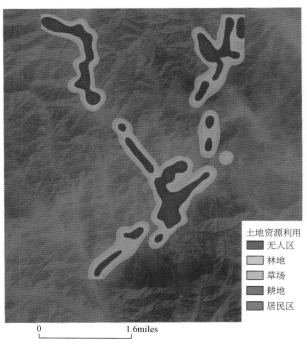

图 4.17　托云牧场二连土地利用现状图

（4）易损性评价因子权重

由于社会易损性、物质经济易损性、资源环境易损性的贡献率不一样，需要确定各评价指标的权重，采用层次分析法计算易损性评价指标的权重。

建立人口、公路、土地资源易损性评价指标判断矩阵，利用 Matlab 软件计算得到矩阵的最大特征值 $\gamma = 3$，将矩阵最大特征值进行一致性检验，得到判断矩阵随机一致性比率 $CR = 0 < 1$，矩阵一致性较好，权重分配较合理。$\gamma = 3$ 对应的特征向量为（0.8846，0.4763，0.2645），将特征向量归一化处理后作为各评价指标对应的权重值（表 4.28）。

表 4.28　托云牧场易损性评价指标判断矩阵及其权重值表

易损性指标	一连人口	二连人口	一连公路	二连公路	一连土地	二连土地	一连权重值	二连权重值
人口	1	1	3	4	2	1	0.56	0.59
公路	1/2	1/3	1	2	3/2	3/2	0.27	0.24
土地资源	1/3	1/2	2/3	2/3	1	3	0.17	0.19

（5）易损性评价

托云牧场一连、二连易损性划分为极高易损区、高易损区、中易损区和低易损区 4 个等级，低易损区面积最高，其次为中、高易损区，极高易损区面积最小。河流两岸是连队驻地及农田、草场，人类活动较活跃，易损性较高（表4.29，图4.18、图4.19）。

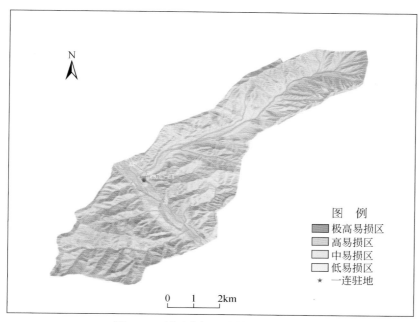

图4.18　托云牧场一连易损性分级图

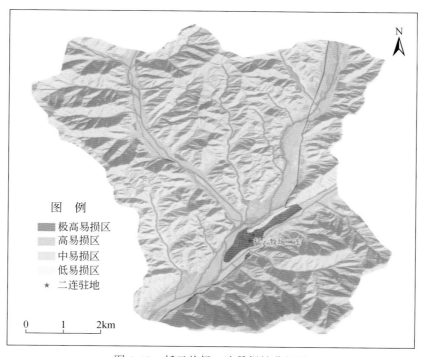

图4.19　托云牧场二连易损性分级图

表 4.29　托云牧场易损性评价结果统计表

连队		极高易损区	高易损区	中易损区	低易损区
一连	面积/km²	4.05	5.65	10.73	25.03
	比例/%	8.91	12.43	23.60	55.06
二连	面积/km²	3.74	5.63	6.08	25.84
	比例/%	9.06	13.64	14.72	62.58

A. 极高易损区

托云牧场一连极高易损区面积为 4.05km²，占总面积的 8.91%，主要位于连队驻地半径约 2km 范围内及部分耕地草场房屋处；二连地质灾害极高易损区面积为 3.74km²，占总面积的 9.06%，主要位于连队驻地。这些地区是连队驻地以及草场放牧区，日常生活人们聚集于此，且道路密度较大，人口活动十分活跃，人口密度大，且交通发达，因此易损性高。

B. 高易损区

托云牧场一连高易损区面积为 5.65km²，占总面积的 12.43%，主要位于草场及耕地 1km 范围内；二连高易损区面积为 5.63km²，占总面积的 13.64%，主要位于连队驻地周边 4km 范围。这些地区易损性高是由于此处耕地及草场人类活动较多，且过往人员较多，车辆及行人较多。

C. 中易损区

托云牧场一连中易损区面积为 10.73km²，占总面积的 23.60%；二连中易损区面积为 6.08km²，占总面积的 14.72%。主要位于距离驻地较远处的草场耕地，及部分偏远房屋周边。

D. 低易损区

托云牧场一连低易损区面积为 25.03km²，占总面积的 55.06%；二连低易损区面积为 25.84km²，占总面积的 62.58%。区内海拔较高，人口密度较小，主要为裸地以及荒地，本区基本处于未开发状态，无房屋和人员流动，因此承载体易损性低。

2. 地质灾害风险评估

根据危险性和易损性评价结果，危险性由低到高分别赋值 1、2、3、4，易发性由低到高分别赋值 1、2、3、4。按照风险性分级矩阵进行风险性分区（表 4.30，图 4.20、图 4.21）。

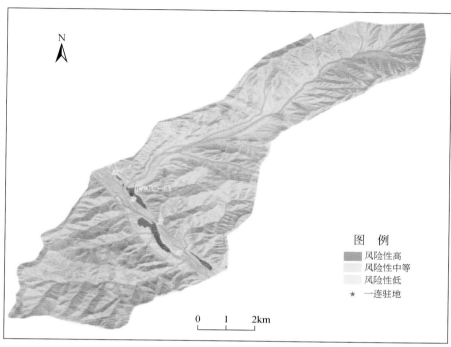

图 4.20　托云牧场一连地质灾害风险评估图

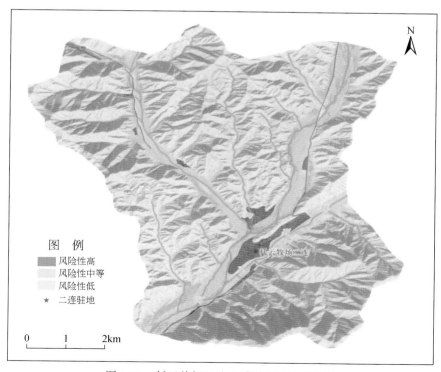

图 4.21　托云牧场二连地质灾害风险评估图

表 4.30　托云牧场地质灾害风险评估结果统计表

连队		极高风险区	高风险区	中风险区	低风险区
一连	面积/km²	3.99	5.69	6.78	29.00
	比例/%	8.78	12.52	14.91	63.79
二连	面积/km²	3.47	5.80	8.91	23.11
	比例/%	8.40	14.05	21.58	55.97

A. 极高风险区

托云牧场一连地质灾害极高风险区面积为 3.99km²，占总面积的 8.78%，二连地质灾害极高风险区面积为 3.47km²，占总面积的 8.40%。极高风险区主要位于连队驻地处，该区人口密度大，工程活动较强，交通条件较好。

B. 高风险区

托云牧场一连地质灾害高风险区面积为 5.69km²，占总面积的 12.52%，主要位于连队驻地周边约 5km 范围处及部分草场和耕地附近；二连地质灾害高风险区面积为 5.80km²，占总面积的 14.05%，主要位于连队驻地周边约 6km 范围处及部分草场和耕地附近。该区过往车辆及行人较多。

C. 中风险区

托云牧场一连地质灾害中风险区面积为 6.78km²，占总面积的 14.91%，主要位于连队驻地周边范围及河流 5.2km 范围附近；二连地质灾害中风险区面积为 8.91km²，占总面积的 21.58%，主要位于连队驻地周边范围及河流 5.9km 范围附近。区内耕地及草场较多，偶有偏远房屋。

D. 低风险区

托云牧场一连地质灾害低风险区面积为 29.00km²，占总面积的 63.79%；二连地质灾害低风险区面积为 23.11km²，占总面积的 55.97%。区内海拔较高，人口密度较小，主要为裸地，基本处于未开发状态，无房屋和人员流动。

第四节　一牧场及叶城二牧场地质灾害危险性评价

一、评价单元的划分

评价区为第十四师一牧场和第三师叶城二牧场行政区域范围，总面积为 1472km²，其中一牧场评价区面积为 843km²、叶城二牧场评价区面积为 629km²。

根据评价区实际面积，结合滑坡、崩塌、泥石流灾害的特点，以及获取的地形图比例尺，危险性预测分区采用单元格大小为 50m×50m，划分为 15000 多个评价单元。

二、评价因素的选择

(一) 坡度

根据评价区地形地貌、地质灾害特点、类型，以及区内地质环境条件，将评价区坡度分为4级，见表4.31、图4.22、图4.23。

表4.31　一牧场及叶城二牧场坡度分级表

坡度分级	坡度/(°)	作用分值
I	>45	10
II	30 ~ 45	7
III	15 ~ 30	5
IV	<15	3

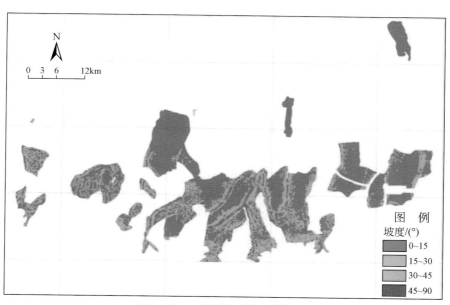

图4.22　一牧场地面坡度分级图

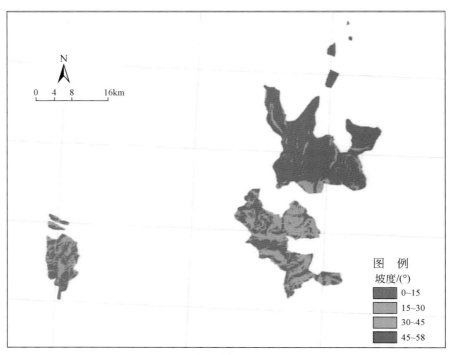

图 4.23　叶城二牧场地面坡度分级图

（二）坡向

评价区分为 8 个坡向 (-22.5° ~ 22.5°、22.5° ~ 67.5°、67.5° ~ 112.5°、112.5° ~ 157.5°、157.5° ~ 202.5°、202.5° ~ 247.5°、247.5° ~ 292.5°、292.5° ~ 337.5°)，划分为 4 个级别 (表 4.32，图 4.24、图 4.25)。

表 4.32　一牧场及叶城二牧场坡向分级表

坡向分级	坡度/(°)	作用分值
I	157.5 ~ 202.5 247.5 ~ 292.5	10
II	-22.5 ~ 22.5 112.5 ~ 157.5	7
III	292.5 ~ 337.5 202.5 ~ 247.5	5
IV	22.5 ~ 67.5 67.5 ~ 112.5	3

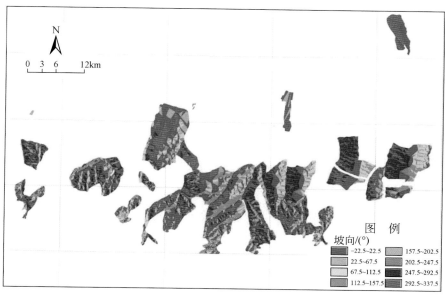

图 4.24　一牧场坡向分区图

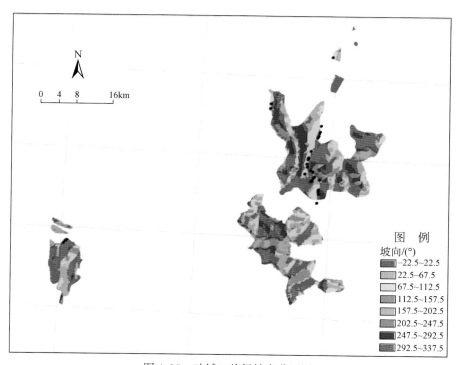

图 4.25　叶城二牧场坡向分区图

（三）高程

根据高程与已发生地质灾害的关系以及人类活动范围，评价区按照200m高程范围划分为4个不同的高程范围（表4.33，图4.26、图4.27）。

表4.33　一牧场及叶城二牧场高程分级表

高程分级	一牧场高程/m	叶城二牧场高程/m	作用分值
I	1862～2800	1917～2600	10
II	2800～3100	2601～3300	7
III	3100～3400	3301～4100	5
IV	3400～4805	4101～5250	3

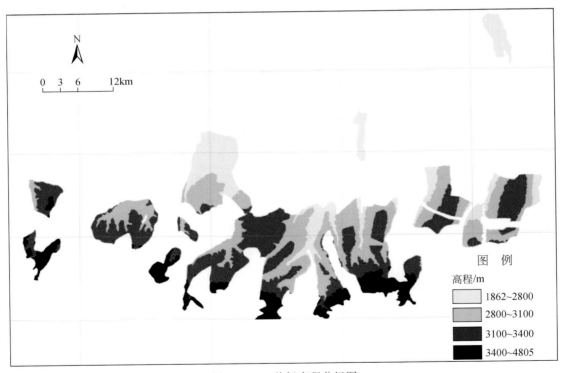

图4.26　一牧场高程分级图

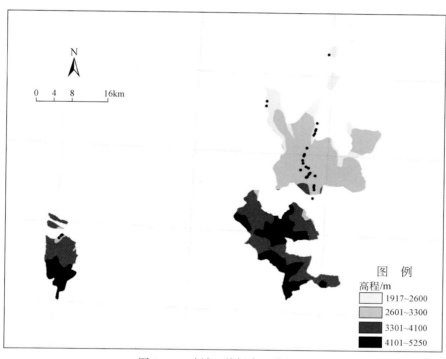

图4.27　叶城二牧场高程分级图

（四）河网分布

河网按距离<200m、200～400m、400～600m、>600m划分为4级，对应作用分值分别为10、7、5、3（表4.34），分级结果见图4.28、图4.29。

表4.34　一牧场及叶城二牧场河网分级表

河网分级	河网距离/m	作用分值
Ⅰ	1级缓冲（<200）	10
Ⅱ	2级缓冲（200～400）	7
Ⅲ	3级缓冲（400～600）	5
Ⅳ	无缓冲（>600）	3

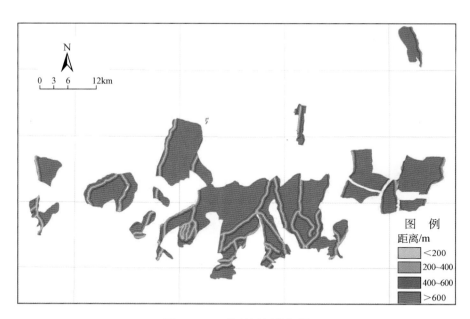

图 4.28　一牧场河网分级图

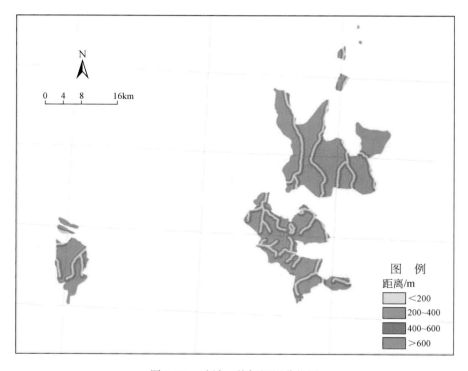

图 4.29　叶城二牧场河网分级图

（五）工程岩组

根据岩性特征、软硬程度及其展布规律和地质灾害评价分析的需求，将研究区域内的地层划分为 4 类岩组分别赋值（表 4.35，图 4.30、图 4.31）。

表 4.35　一牧场及叶城二牧场工程岩组分级表

工程岩组分级	岩性	作用分值
I	黏性土、碎石土、含砂的卵砾石和漂石	10
II	砂岩、泥岩、泥质砂岩等沉积岩类	7
III	片麻岩、角闪岩等变质岩类	5
IV	蛇纹岩、辉绿岩、闪长岩、玄武岩、花岗岩等岩浆岩、侵入岩	3

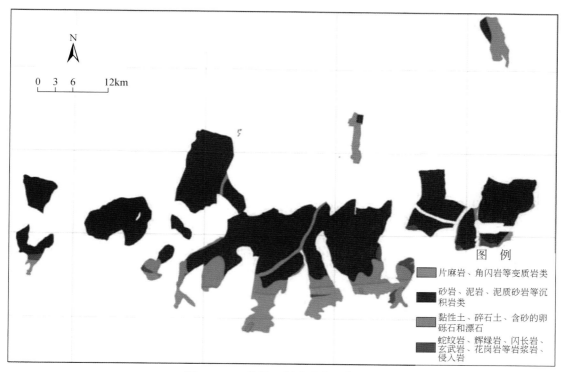

图 4.30　一牧场工程地质岩组分级图

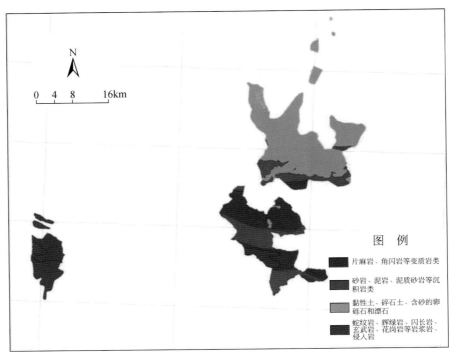

图 4.31　叶城二牧场工程地质岩组分级图

（六）断裂构造

断裂构造分级及分值见表 4.36，图 4.32、图 4.33。

表 4.36　一牧场及叶城二牧场断层分级表

断裂构造分级	断裂距离/m	作用分值
I	1 级缓冲（<1000）	10
II	2 级缓冲（1000～2000）	7
III	3 级缓冲（2000～3000）	5
IV	无缓冲（>3000）	3

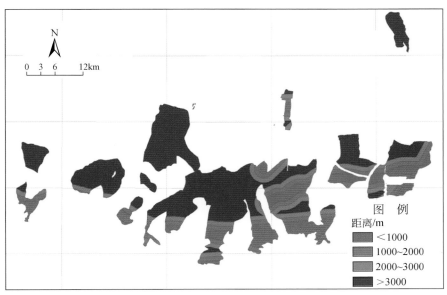

图 4.32 一牧场断裂分级图

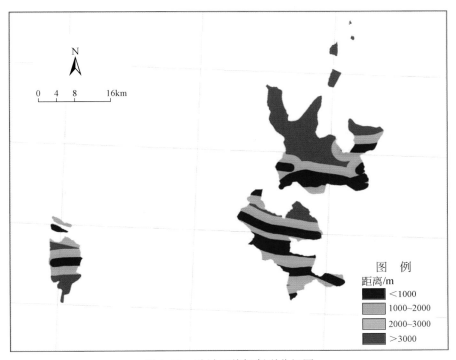

图 4.33 叶城二牧场断裂分级图

（七）人类工程活动

人类工程活动采用道路做评价，按距离<200m、200～400m、400～600m 和>600m 划分为 4 个级别并分别赋值 10、7、5、3，结果见表 4.37，图 4.34、图 4.35。

表 4.37　一牧场及叶城二牧场道路分级表

道路分级	道路距离/m	作用分值
Ⅰ	1 级缓冲（<200）	10
Ⅱ	2 级缓冲（200～400）	7
Ⅲ	3 级缓冲（400～600）	5
Ⅳ	无缓冲（>600）	3

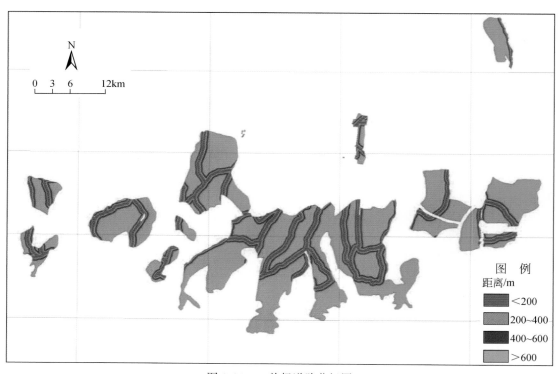

图 4.34　一牧场道路分级图

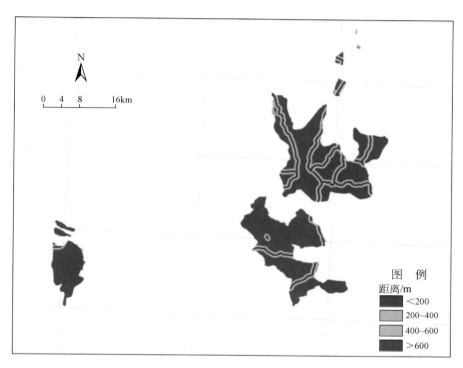

图 4.35　叶城二牧场道路分级图

三、权重的确定

　　准则层相对于目标层的权重依次为 0.1725、0.0780、0.5117、0.2378，CR = 0.0389 < 0.1，符合一致性检验；指标层 U1 相对于准则层的权重依次为 0.5889、0.2519、0.1592，CR = 0.0465 < 0.1，符合一致性检验；指标层 U2 相对于准则层的权重依次为 0.3333、0.6667。最后，求出指标层对目标层的合成权重为 0.1016、0.0434、0.0275、0.0780、0.1706、0.3411、0.2378，即 ［Rls_Slope］ * 0.1016 + ［Rls_Aspect］ * 0.0434 + ［Rls_dem5］ * 0.0275 + ［Rls_stream］ * 0.0780 + ［Rls_geo］ * 0.1706 + ［Rls_fracture］ * 0.3411 + ［rls_road］ * 0.2378（图 4.36、图 4.37）。

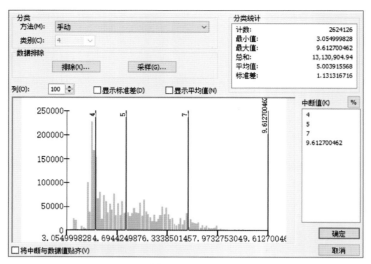

图 4.36　一牧场危险性评价权重分布图

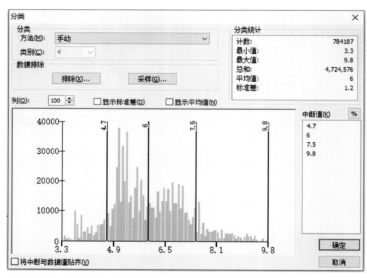

图 4.37　叶城二牧场危险性评价权重分布图

四、危险程度分级

采用加权求和模型，即 V＝坡度分值×0.1016＋坡向分值×0.0434＋高程分值×0.0275＋河网分值×0.0780＋工程岩组分值×0.1706＋断裂带分布分值×0.3411＋人类工程活动分值×0.2378，组合 V 值的"优劣"决定安全度的大小。

一牧场地质灾害危险性按表4.38划分为高危险区、中度危险区、低危险区、非危险区4个等级，叶城二牧场按表4.39划分为高危险区、中度危险区、低危险区、非危险区4个等级。

表 4.38　一牧场地质灾害危险性分区标准

危险程度	非危险区	低危险区	中度危险区	高危险区
危险性分值	3.05~4.0	4.0~5.0	5.0~7.0	>7.0

表 4.39　叶城二牧场地质灾害危险性分区标准

危险程度	非危险区	低危险区	中度危险区	高危险区
危险性分值	3.3~4.7	4.8~6.0	6.1~7.5	>7.6

五、地质灾害危险性评价

根据研究区地质灾害的空间分布及危险性分级标准，并经过局部平滑、图斑合并和碎块处理，同时结合"自上而下"的区划方法修改界线，划分地质灾害危险区。

（一）一牧场

地质灾害危险性预测见图 4.38、图 4.39。

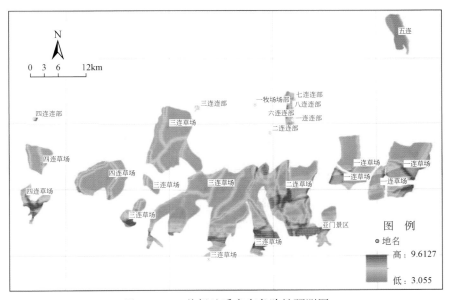

图 4.38　一牧场地质灾害危险性预测图

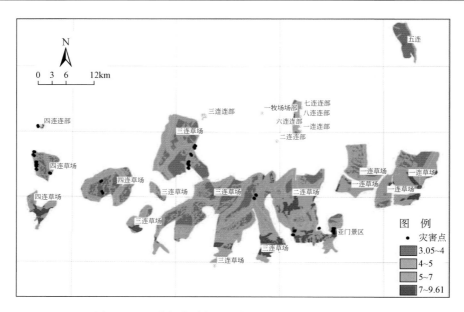

图 4.39   一牧场危险性预测与实际灾害点分布对比图

1. 高危险区

地质灾害高危险区主要位于四连连部，三连、四连草场南部，二连草场南部亚门景区和引水工程处，以及一连草场部分区域，分布比较零散，面积为 57.34km²，占总面积的 6.5%。区内分布有 1 处中型崩塌、5 处小型滑坡和 1 处泥石流，如四连连部崩塌、二连亚门景区滑坡等。

2. 中度危险区

中度危险区的危险性分值为 5.0 ~ 7.0，主要位于高危险区的周边区域，面积为 316.00km²，占面积的 36.0%。区内四连连部到受精站区域分布有 1 处中型崩塌、6 处小型泥石流；三连连部到受精站区域分布有 7 处小型泥石流；二连连部到受精站区域分布有 2 处小型泥石流。

3. 低危险区

低危险区的危险性分值 4.0 ~ 5.0，主要位于乌鲁克萨依河、赛里古龙河、奴尔河、阿克亚河沟谷两侧及局部小支沟流域平缓地带，发育泥石流、滑坡各 1 处。低危险区面积为 299.25km²，占总面积的 34.1%。

4. 非危险区

非危险区的危险性分值<4.0，主要位于各沟谷平缓处及山前冲积平原区等，区内几乎没有成规模的地质灾害发生，但在暴雨季节，有时会发生洪水灾害。非危险区面积约为 206.05km²，占总面积的 23.4%。

（二）叶城二牧场

地质灾害危险性预测见图4.40、图4.41。

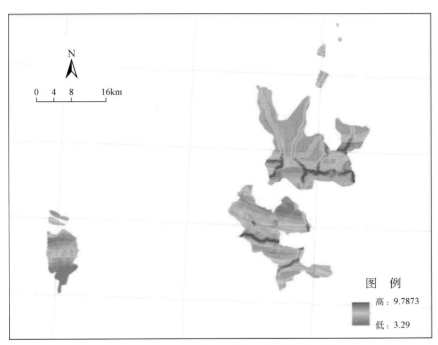

图4.40 叶城二牧场地质灾害危险性预测图

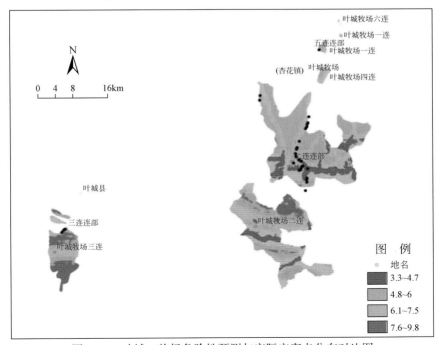

图4.41 叶城二牧场危险性预测与实际灾害点分布对比图

1. 高危险区

危险性分值一般大于 7.6，主要位于二连连部、三连连部、二连草场等部分区域，分布比较零散，面积约 67.42 km^2，占总面积的 10.7%。区内发育有 3 处崩塌、12 处滑坡和 1 处泥石流，如二连柴禾沟滑坡、二连阿克齐河崩塌等，危害对象主要是连部居民、房屋、公路、车辆等。

2. 中度危险区

中度危险区的危险性分值为 6.1~7.5，主要位于高危险区的周边区域，从场部杏花镇到二连连部的公路沿线的阿克齐河附近，以及二连北西向草场的菩萨沟。中度危险区面积约 230.68 km^2，占总面积的 36.6%，区内发育 14 处泥石流和 3 处滑坡，危害对象主要是公路、来往车辆及牧民、牲畜等。

3. 低危险区

低危险区的危险性分值为 4.8~6.0，面积约 272.00 km^2，占总面积的 43.1%，区内发育 2 处小型泥石流。低危险区主要位于二连、三连草场的阿克齐河、柯克亚河、吾鲁格吾鲁斯塘河、台斯河各沟谷内，由于切割较深，具备形成泥石流、滑坡地质灾害的条件，在大暴雨时洪流易形成泥石流地质灾害，对研究区造成威胁，但因人类工程活动稀少，人员流动小，危害程度较轻。

4. 非危险区

非危险区的危险性分值小于 4.7，面积约 60.87 km^2，占总面积的 9.6%，主要位于牧场中山区、海拔 3000m 以上的二连草场和三连草场区域，其中三连草场部分位于雪线以上，常年积雪覆盖。非危险区内几乎没有成规模的地质灾害发生，人类活动稀少。

第五节 小 结

本章采用定性和定量方法相结合，开展了地质灾害易发性、危险性、易损性评价及地质灾害风险评估。

南疆兵团托云牧场、叶城二牧场、一牧场地质灾害危险性大，2 团、4 团、5 团、21 团、25 团、29 团、30 团、36 团、223 团等 9 个农牧团场地质灾害危险性中等，其他团场地质灾害危险性小。

托云牧场 62 处地质灾害仅一连 N4 泥石流灾情、险情属较大级，其他均为一般级，地质灾害危险性大 1 处、危险性中等 30 处、危险性小 71 处。地质灾害易发性以中、高易发为主，高易发区主要位于苏约克河、铁列克河及其支流两岸中山区，面积为 19.15 km^2，中易发区面积为 41.51 km^2，低易发区面积为 16.59 km^2，不易发区面积为 9.5 km^2，占比分别为 22.1%、47.9%、19.1%、10.9%。地质灾害易损性总体较低，极高易损区面积为 7.79 km^2，高易损区为 11.28 km^2，中易损区为 16.81 km^2，低易损区为 50.87 km^2，分别占比 9.0%、13.0%、19.4% 和 58.6%。地质灾害风险性以低、中风险为主，极高风险区主要位于连队驻地处，面积为 7.46km²，高风险区面积为 11.49km²，中等风险区面积为 15.69km²，低风险区面积为 52.11km²，分别占比 8.6%、13.2%、18.1% 和 60.1%。托云牧场二连 N6 泥石流沟划分为 5 个风险级别，以低风险区、较低风险区为主，高风险区主要位于泥石流沟口两侧，面积约 1.89 万 m²，占比 1.7%，较高风险区主要包括主沟中下游、支沟下游，以及泥石流可能堆积的区域，面积为 21.22 万 m²，占比 18.9%。

一牧场地质灾害以中、低危险性为主，高危险区主要位于四连连部、三连、四连草场南部、二连草场南部亚门景区及引水工程处及一连草场部分区域，面积为 57.34km²，中度危险区面积为 316.00km²，低危险区面积为 299.25km²，非危险区面积为 206.05km²，分别占比 6.5%、36.0%、34.1% 和 23.4%。

叶城二牧场地质灾害以中、低危险性为主，高危险区主要位于二连、三连连部、二连草场等部分区域，面积为 67.42km²，中度危险区面积为 230.68km²，低危险区面积为 272.00km²，非危险区面积为 60.87km²，分别占比 10.7%、36.6%、43.1% 和 9.6%。

第五章　地质灾害防治方案及建议

第一节　地质灾害防治方案

一、地质灾害防治措施

在查明地质灾害自然及地质环境条件、基本特征、成因机制、变形破坏特征及阶段、危险性和危害程度的基础上，本着因地制宜、综合治理、科学合理、经济实效的原则，制订最优防治方案。研究区地质灾害防治措施主要包括监测预警、搬迁避让和工程治理。

（一）监测预警

1. 建立地质灾害监测预警体系

建立由中心站、指导站和地质灾害监测点构成的三级监测预警系统。

1）中心站（师市），为监测预警系统的管理机构，由自然资源管理部门负责。中心站负责制订预警规划，组织对地质灾害点的调查评价，主管预警系统的有关业务工作，年度任务的审批、下达和专业指导。定期发布区内地质灾害中短期预报，配合师市制定相应的法规，普及防灾减灾知识，开展群测群防组织领导工作。

2）指导站（农牧团场），为预警系统的执行机构，由地质灾害隐患点所在农牧团场领导和监测技术人员组成。在农牧团场领导下，组织开展防灾减灾工作；指导辖区群测群防监测点的全面工作，汛期和临报期派人驻点参与监测报警，制订监测点的技术施工设计和应急躲避方案，负责向中心站报送年度监测预警计划任务书及计划执行情况，定期报送（雨季一周一次，旱季一月一次，特殊情况及时报送）灾害隐患点的动态信息，监测灾害隐患点的动态变化及灾情发展。

3）地质灾害监测点，由地质灾害隐患点所在连队具有一定文化知识和专业常识的人员担任监测员。主要职能是：采集记录监测原始数据、整理汇编资料和定期上报；定期巡视灾害点地表及建筑物裂缝等的变化，对新出现的裂缝等变化应及时标绘在地形图上，并埋设标志物进行简易观测。当灾害隐患点（主要是滑坡）的运动速度（速率）明显增大时，及时上报，要求上级站派专业技术人员现场考察核实，确认其危险程度后由主管站发布短期险情预报，并配合连队组织疏散危险区的人员、物资。负责看守和养护监测预警设备及财产等。

2. 监测网点管理与运行

1）监测责任落实到具体的单位与个人，地质灾害隐患点所在的连队为监测责任人，在连队的领导下，成立监测组，监测组由受危害、威胁的居民点的群测人员组成。

2）建立岗位责任制，逐级签订责任书。

3）宣传与培训，采取多种方式对监测责任人、监测组成员和群众进行宣传与培训，学会如何监测、如何判断灾害可能发生的各种迹象和灾情速报及有关应急防灾救灾的方法。

4）监测信息反馈与处理，师市自然资源主管部门负责监测资料与信息反馈的收集汇总，上报到兵团自然资源行政部门（地质环境监测站）进行综合整理与分析，信息录入兵团地质灾害空间数据库，进行趋势分析，同时对下一步监测工作提出指导性意见。

5）经监测将有重大险情发生时，连队、农牧团场应立即采取应急防灾减灾措施，同时立即报告师市、兵团自然资源主管部门，由其派出专业人员赶赴现场协助监测和指导防灾救灾。

6）按照相关要求建立地质灾害速报制度。

3. 监测方法

（1）简易监测

定期巡测和汛期强化监测相结合，一般为半月或每月一次，汛期强化监测，大雨、暴雨或持续降雨应不间断加密监测。除对变形迹象进行监测外，还应把地质灾害隐患点威胁的对象和危险区纳入监测范围。对危险边坡段出现的各种细微变化进行观察，特别注意对已形成主要裂缝的监测，可设置简易的监测标志或安装简易裂缝报警器；泥石流的监测，一是要日常巡视冲沟中崩滑物的堆积、阻塞程度；二是加强水文、气象预报，在雨季尤其暴雨天，要严密监测山谷洪水及沟口堆积物的变化情况。

监测结果应及时准确记录，并及时上报上级主管部门，以形成系列监测资料，为准确及时预报地质灾害的发生提供数据，最大程度减少人员伤亡及财产损失。

实行汛前排查、汛中巡查、汛后复查的巡查制度。

（2）专业监测

利用各种专业监测仪器对崩滑体变形情况、相关因素、宏观前兆及运动过程进行监测，对泥石流固体物源、水源等形成条件、运动情况、运动要素、液体特征等进行监测。一般开展降水量、地表位移、裂缝位移、深部位移、倾斜、含水率、泥水位、地震动、地声、地温、地应力、遥感、视频等监测，根据各灾害点实际情况选用适宜的监测手段。

（二）搬迁避让

将受地质灾害威胁的分散居住点搬迁至具有生产生活条件和环境的安全地带，彻底摆脱地质灾害威胁，是适应地质灾害点多、面广、规模小、稳定性差、单点威胁人数及财产不多、经济发展水平不高等特点最为有效的方法。

搬迁避让灾害点的确定须考虑以下几个方面因素：

1）搬迁对象为受地质灾害威胁的分散居住点；

2）搬迁费用远低于灾害治理费用；

3）实施工程治理技术难度较大，治理效果不好；

4）灾害点稳定性差，短期内不能实施工程治理；

5）搬迁后灾害点不对交通、农田及其他工程设施产生较大的影响。

（三）工程治理

对于规模较大、危险性大、威胁连队或团场集中区、社会影响较大、不宜实施搬迁安置的地质灾害隐患点，通过经济、技术对比，论证可行，可集中有限资金进行工程治理。工程治理前需进行必要的勘查或调查，查明灾害体的类型、分布规模、成因机制、发展趋势和危害程度，并做稳定性评价，提出经济合理和技术可行的工程治理方案或应急防治措施。

1. 滑坡主要工程治理措施

（1）截、排水

滑坡的发生与降雨及地下水作用密切相关，主要诱发因素多为暴雨或持续降雨，因此工程治理首先应针对地表水、地下水开展工作。可在滑坡边界外设置地表水截流沟，防止区外地表径流进入滑坡体内。滑坡面积较大或坡面地表径流排泄不畅可考虑在滑坡表面设置排水沟。如果滑坡体内地下水较丰富，并可能对滑坡稳定性造成较大影响，可钻井或人工挖井抽取地下水，也可在地形转折部位挖坑排泄地下水。尽量对滑坡体上的拉张裂缝进行填塞、掩埋，减少降雨及地表径流沿裂缝的入渗。

（2）支挡工程

研究区滑坡多属堆积体滑坡，厚度不大，滑床多为基岩。可采用抗滑挡墙、抗滑桩、锚杆、锚索及其组合进行支挡。支挡工程的布置应在工程勘察及可行性论证的基础上确定，避免盲目性。

（3）坡面减载、坡脚反压

根据滑坡动力特性分析，对于中、后部为主滑段，前部为阻滑段的滑坡，条件允许可考虑拆除滑坡体中、后部房屋等构筑物，或挖除部分凸出的松散堆积体，减小滑动推力，也可在滑坡前缘加载，增加抗滑阻力。

2. 崩塌主要工程治理措施

（1）地表截流

地表水渗入危岩裂隙中，来不及排泄，水位急剧增高，会产生很大的静水压力，对危岩稳定性造成严重影响。裂隙水还造成岩体间黏结力减弱，风化速度加快，危岩稳定性减弱。因此，应防止大气降水的地表径流及危岩体后方的地表水汇入基岩裂缝中。一般可在危岩体外挖一截流沟，尺寸及位置须因地制宜设计。

（2）岩腔嵌补

由于差异风化作用形成的岩腔，宜采用浆砌条石或片石进行嵌补，可防止软弱岩层进一步风化，也可对上部危岩体提供支撑，提高稳定性。

（3）锚索加固

对于稳定性差、不宜清除也无法支撑的危岩块体可采用锚索加固的方案。一般采用预应力锚索，锚固段进入稳定岩体中风化长度不小于5m，锚固角度与危岩壁垂直或略向下倾。锚索钢绞线根数及直径须计算后确定。

（4）危岩清除

对于规模小、稳定性差、工程治理技术难度较大且费用高、搬迁困难的崩塌，可采用清危解危方案，通过爆破或人工削除等方法彻底清除危岩体，一劳永逸消除隐患。

3. 泥石流主要工程治理措施

（1）拦挡

拦挡工程可控制泥石流的强度，拦截泥沙，降低泥石流的密度，改变输沙条件，减少输沙粒径，调节输沙量，使泥沙输移形态由泥石流向水流输沙转化。拦挡工程可降低河床坡降，减缓泥石流运动速度及对河道的纵向侵蚀和横向侵蚀，可充分利用回淤效应稳坡稳谷。拦挡工程有重力坝和格栏坝，主要设置在泥石流形成区或流通区。

（2）排导

排导工程可疏通流路、定向输移，主要有渡槽、排导沟、倒流堤等。

（3）绕避

泥石流冲击强，破坏力大，知险见让、避重就轻是泥石流防治的主要方法，工程建设可通过平面绕避或渡槽、高桥、隧洞等方式避开泥石流危害。

泥石流的治理还应与形成区滑坡、崩塌治理相结合，才能达到标本兼治的良好效果。

（四）生物防治

生物防治主要指恢复植被和合理耕种。采取乔、灌、草等植物科学搭配，充分发挥其滞留降水、保持水土、调节径流等功能，从而达到防止地质灾害的发生，减小灾害发生规模，减轻其危害程度的目的。与工程防治措施相比，生物防治措施具有应用范围广、投资省、风险小、能促进生态平衡、改善自然环境条件的好处，具有生产效益以及防治作用持续时间长的特点，同时还能与当前的退耕还林政策相吻合。

生物防治工程对区内大多数地质灾害隐患点均适用。一般选择根系发达、固土能力强、生长旺盛、具有较强的适应性、抗逆性和一定的经济价值的树种栽植，也可选择适宜当地自然条件栽培并具有适销对路、市场畅销的名优特新经济果木品种进行栽植。

二、地质灾害防治方案建议

（一）托云牧场地质灾害防治方案建议

托云牧场62处地质灾害隐患点全部纳入群测群防体系，对威胁公路的地质灾害点由相应管理部门负责监测。根据经济技术对比，对危险性大、危害性大、搬迁难度大的29处地质灾害隐患点，建议采用抗滑、支挡、坡面防护、爆破清除等工程措施进行治理，以减少地质灾害对区内农牧民生命财产的威胁，缓解原本耕地少、居住条件恶劣的环境现状（表5.1~表5.3）。

表 5.1　托云牧场建议工程治理的泥石流灾害一览表

连队	编号	东经	北纬	泥石流规模	灾情等级	危害程度	危险性	威胁对象	防治措施建议
一连	N1	75°8′39″	40°19′10″	小型	一般级	一般	中等	国防公路	排导槽
	N2	75°8′34″	40°19′13″	小型	一般级	一般	中等	国防公路	排导槽
	N3	75°8′30″	40°19′22″	小型	一般级	一般	中等	国防公路	排导槽
	N4	75°8′24″	40°19′33″	小型	一般级	较大	大	国防公路、营地	排导槽
	N5	75°8′20″	40°19′48″	小型	一般级	一般	中等	国防公路	排导槽
	N6	75°8′14″	40°19′50″	小型	一般级	一般	中等	国防公路	排导槽
	N14	75°9′29″	40°18′27″	小型	一般级	一般	中等	国防公路	排导槽
二连	N01	75°45′44″	40°8′32″	小型	一般级	一般	中等	国防公路	排导槽
	N02	75°45′55″	40°8′38″	中型	一般级	一般	中等	国防公路	排导槽
	N03	75°45′58″	40°8′43″	小型	一般级	一般	中等	国防公路	排导槽
	N04	75°46′14″	40°8′56″	小型	一般级	一般	中等	国防公路	排导槽
	N05	75°46′30″	40°9′03″	小型	一般级	一般	中等	国防公路	排导槽
	N06	75°46′52″	40°9′19″	中型	一般级	一般	中等	国防公路、草场	排导槽
	N07	75°47′08″	40°9′32″	小型	一般级	一般	中等	国防公路、牧点	排导槽

表 5.2　托云牧场建议工程治理的崩塌灾害一览表

连队	编号	东经	北纬	体积/m³	规模等级	灾情等级	危害程度	危险性	威胁对象	防治措施建议
一连	B1	75°8′43″	40°19′9″	15200	中型	一般级	一般	中等	国防公路	主动网+被动网
	B2	75°8′46″	40°19′00″	6000	小型	一般级	一般	中等	国防公路	主动网+被动网
	B3	75°8′27″	40°19′30″	4500	小型	一般级	一般	中等	国防公路、居民点	主动网+被动网
	B4	75°9′5″	40°18′6″	9000	小型	一般级	一般	中等	国防公路	主动网+被动网
	B5	75°9′12″	40°18′46″	2000	小型	一般级	一般	中等	国防公路	主动网+被动网
	B6	75°9′15″	40°18′43″	6000	小型	一般级	一般	中等	国防公路	主动网+被动网
	B7	75°9′19″	40°18′40″	1200	小型	一般级	一般	中等	国防公路	主动网+被动网
二连	B01	75°46′12″	40°8′44″	9000	中型	一般级	一般	中等	国防公路	主动网+被动网
	B02	75°47′03″	40°9′25″	5800	中型	一般级	一般	中等	牧点、国防公路	主动网+被动网
	B03	75°46′59″	40°9′55″	1000	小型	一般级	一般	中等	民兵哨所	主动网+被动网
	B05	75°46′29″	40°10′20″	1500	小型	一般级	一般	小	牧点、河道	主动网+被动网
	B09	75°47′03″	40°9′57″	11000	中型	一般级	一般	中等	边防五连	主动网+被动网

表5.3　托云牧场建议工程治理的滑坡灾害一览表

连队	编号	东经	北纬	体积/m³	规模等级	灾情等级	危害程度	危险性	威胁对象	防治措施建议
一连	H1	75°8′31″	40°19′26″	71840	小型	一般级	一般	中等	国防公路	挡土墙+截排水
	H3	75°8′54″	40°18′51″	27000	小型	一般级	一般	中等	国防公路	挡土墙+截排水沟
二连	H1	75°46′44″	40°8′52″	250000	小型	一般级	一般	中等	国防公路、河道	挡土墙+截排水沟

（二）一牧场及叶城二牧场地质灾害防治方案建议

一牧场及叶城二牧场各地质灾害隐患点防治方案建议见表5.4、表5.5。

对一牧场四连连部的崩塌，一是由于坡下即为农牧民的居住区，因此对坡下农牧民区应施行搬迁措施，避免造成人员伤亡及房屋损伤；二是建议预先排除危石、悬石，张挂软性防护钢丝网，修建拦石墙，防止坠石撒落、崩落伤害，在进行治理前，应在崩塌处设置警示标志，提醒当地农牧民注意避让；三是在靠近崩塌边界以外的稳定地段修筑马蹄形防渗截水沟、排水沟。

对叶城二牧场二连两处崩塌，建议预先排除危石、悬石，张挂软性防护钢丝网，防止坠石、撒落、崩落；对另一处崩塌（河岸垮塌）在受河流侵蚀的坡脚处做护坡处理；对三连连部两处滑坡，建议对滑坡体进行支挡、锚固或者通过固结灌浆等改善岩土体的性质以提高坡体强度和稳定性；对二连柴禾沟滑坡建议用黏土填塞滑坡裂隙，坡面种植草皮，固牢坡面，受河流侵蚀的滑坡体坡脚处设置挡土墙。

表5.4　叶城二牧场地质灾害防治方案建议表

编号	位置	灾害类型	防治建议
YCMCB001	阿克齐河	崩塌	采用预先排除危石、悬石、探头石，张挂软性防护钢丝网
YCMCB002	阿克齐河	崩塌	
YCMCB003	阿克齐河	崩塌	采取在受河流侵蚀的坡脚处做护坡处理
YCMCHP001	三连老连部后山东测	滑坡+崩塌	制订防灾预案、设立警示标牌、搬迁避让；将滑坡裂隙用土地填充，倒实倒密，种植植被
YCMCHP002	三连老连部后山西侧	滑坡+崩塌	制订防灾预案、设立警示标牌、搬迁避让；对滑坡前缘彩钢房屋进行部分拆除避让；将滑坡裂隙用土地填充，倒实倒密，种植植被
YCMCHP003	三连老连部1km	滑坡	对滑坡体进行支挡、锚固或者通过固结灌浆等来改善岩土体的性质以提高坡体强度和稳定性
YCMCHP004	三连新连部以西500m	滑坡+崩塌	
YCMCHP005	柴禾沟	滑坡	群测群防，定期监测
YCMCHP006	牦牛圈南	滑坡	

续表

编号	位置	灾害类型	防治建议
YCMCHP007	柴禾沟	滑坡	柴禾沟滑坡建议用土体填塞滑坡裂隙，坡面种植草体，牢固坡面，受河流侵蚀的滑坡体坡脚处设置宾格石笼挡土墙
YCMCHP008	柴禾沟	滑坡	
YCMCHP009	柴禾沟	滑坡	
YCMCHP010	柴禾沟	滑坡	
YCMCHP011	柴禾沟	滑坡+崩塌	群测群防，定期监测
YCMCHP012	柴禾沟	滑坡	
YCMCHP013	阿克齐河东岸	滑坡	修筑支挡工程，增加滑坡重力平衡条件
YCMCHP014	阿克齐河	滑坡	群测群防，定期监测
YCMCHP015	苏松沟	滑坡	
YCMCNSL001	阿奇克河东岸	泥石流	修筑排导工程，如导流堤、急流槽、束流堤等，改善泥石流流势、增大泄洪能力
YCMCNSL003	阿奇克河东岸	泥石流	
YCMCNSL004	阿奇克河东岸	泥石流	
YCMCNSL005	阿奇克河东岸	泥石流	
YCMCNSL006	阿奇克河东岸	泥石流	
YCMCNSL007	二连连部	泥石流	已修建了排水渠，在定期清理淤泥的情况下，能有效防治泥石流的发生。建议定期清理排水渠内淤泥
YCMCNSL008	阿奇克河东岸	泥石流	修筑排导工程，如导流堤、急流槽、束流堤等，改善泥石流流势、增大泄洪能力
YCMCNSL009	五连连部后山	泥石流	虽已修建了排洪渠，但因设计不合理，导致暴雨条件下，泥水不能顺利排导。建议对排洪渠重新设计，渠道设计时减少弯道，加宽加深
YCMCNSL010	阿克齐河东岸	泥石流	修筑排导工程，如导流堤、急流槽、束流堤等，改善泥石流流势、增大泄洪能力
YCMCNSL011	阿克齐河东岸	泥石流	
YCMCNSL012	阿克齐河东岸	泥石流	
YCMCNSL013	阿克齐河东岸	泥石流	
YCMCNSL014	阿克齐河东岸	泥石流	
YCMCNSL015	普萨沟	泥石流	群测群防，定期监测
YCMCNSL016	普萨沟	泥石流	

表 5.5　一牧场地质灾害防治方案建议表

编号	地理位置	灾害类型	防治建议
YMCBT001	一牧场四连	崩塌+泥石流	一是由于坡下即为农牧民的居住区，因此对坡下农牧区应施行搬迁措施，避开该崩塌体，避免对人员造成伤害；二是建议预先排除危石、悬石，张挂软性防护钢丝网，修建遮挡墙，防止坠石撒落、崩落；在进行治理前，应在崩塌处设置警示标志，提醒当地农牧民注意避让；三是在靠近崩塌边界以外的稳定地段修筑马蹄形防渗截水沟、排水沟

续表

编号	地理位置	灾害类型	防治建议
YMCBT002	一牧场四连	崩塌+泥石流	建议预先排除危石、悬石，张挂软性防护钢丝网，修建遮挡墙，防止坠石撒落、崩落。在进行治理前，应在崩塌处设置警示标志，提醒当地农牧民注意避让
YMCBT003	一牧场四连	崩塌	
YMCBT004	一牧场四连	崩塌	
YMCBT005	一牧场四连	崩塌	建议施行搬迁措施
YMCBT006	一牧场三连	崩塌+泥石流	建议预先排除危石、悬石，张挂软性防护钢丝网，修建遮挡墙，防止坠石撒落、崩落。在进行治理前，应在崩塌处设置警示标志，提醒当地农牧民注意避让
YMCNSL001	一牧场四连	泥石流	群测群防，定期监测
YMCNSL002	一牧场四连	泥石流	
YMCNSL003	一牧场四连	泥石流	
YMCNSL004	一牧场三连	泥石流	路面下修了排泄涵洞，因设计不合理，无法有效排泄，目前已被堵死，建议一是对排泄渠重新设计，二是定期对沟道疏通排导
YMCNSL005	一牧场三连	泥石流	
YMCNSL006	一牧场三连	泥石流	
YMCNSL007	一牧场三连	泥石流	—
YMCNSL008	一牧场三连	泥石流	路面下修了排泄涵洞，因设计不合理，无法有效排泄，目前已被堵死，建议一是对排泄渠重新设计，二是定期对沟道疏通排导
YMCNSL009	一牧场三连	泥石流	一是建议搬迁，二是建议修建排泄渠道
YMCNSL010	一牧场三连	泥石流	在陡坎和沟口位置做挡水坝，使沟底淤平恢复地表植被生态
YMCNSKL011	一牧场二连	泥石流	群测群防，定期监测
YMCNSKL012	一牧场二连	泥石流	
YMCNSKL013	一牧场一连	泥流	
YMCHP001	一牧场三连	滑坡	
YMCHP002	一牧场二连	滑坡	
YMCHP003	一牧场一连	滑坡	施工过程中首先加强对滑坡体监测，建立地表与深部相结合的立体监测网，采用地表大地变形监测、地下水动态监测、深部位移监测。在坡脚设置重力式挡土墙；坡体采用护坡格构：锚杆+格构治理措施，格构内进行绿化处理；受河流侵蚀的滑坡体坡脚处设置宾格石笼挡土墙；路基滑坡体上方设置抗滑桩，选用钢筋混凝土现浇；坡体后方设置截水沟
YMCHP004	一牧场一连	滑坡	
YMCHP005	一牧场一连	滑坡	
YMCHP006	一牧场二连	滑坡	将上段引水工程改道（从西侧改到东侧），或者将引水工程上段处修建涵洞，将引水设施从涵洞通过，避免滑坡发生的时候被砸毁

第二节　重大地质灾害治理工程方案建议

一、托云牧场一连 N4 泥石流治理工程建议

托云牧场一连 N4 泥石流流域面积为 $1.5 km^2$，主沟长为 $2.53 km$，沟床平均纵坡降为 $125‰$。该泥石流处于发展期，易发，20 年一遇的泥石流以小规模稀性为主，属危险性等级大的泥石流沟。泥石流的主要危害对象为沟口处的一连营地约 120 人，以及国防公路行人、车辆的生命财产安全，威胁资产约 1000 万元。

根据综合致灾能力的强弱和受灾体综合承灾能力进行治理紧迫性判别结果，一连 N4 泥石流沟治理要求紧迫。

目前在连队旁左侧修建了简易的浆砌防护堤，但防护堤内淤积、损毁严重，对防御泥石流灾害效果较差，一旦泥石流大规模爆发，泥石流将越过防护堤直接威胁连队及国防公路的安全。

建议该泥石流工程治理以排导为主，在沟道中游设置一道拦挡坝，在沟道中下游设置排导槽，采用涵洞的方式通过国防公路，进而顺利排入苏约克河中（图 5.1）。治理工程投资费用估算约 400 万元。

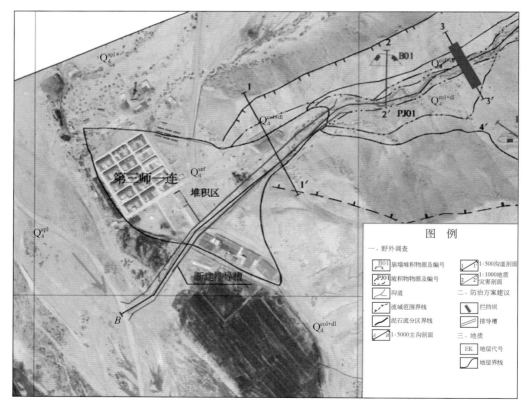

图 5.1　托云牧场一连 N4 泥石流治理工程方案建议图

二、托云牧场一连 B1 崩塌治理工程方案建议

托云牧场一连 B1 崩塌 3 个危岩区 6 处危岩带体积总方量约 1.52 万 m³，主要危害下方国防公路行人、车辆的生命财产安全，威胁资产约 300 万元。

治理工程方案为：沿公路内侧 I-WYD1 至 III-WYD1 区设置被动防护网，对高处 II-WYD2 和 III-WYD2 危岩区采用主动防护网进行防护（图 5.2）。治理工程投资估算约 300 万元。

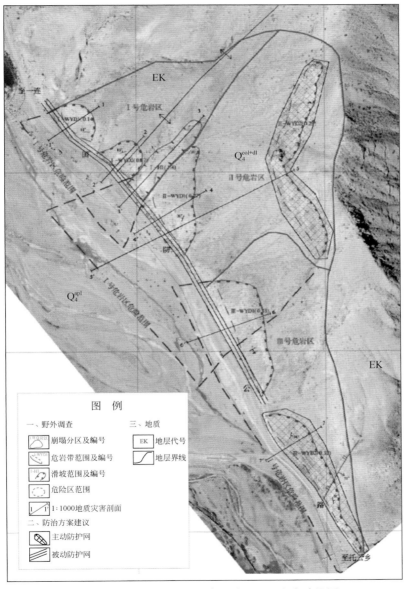

图 5.2　托云牧场一连 B1 崩塌治理工程方案建议图

三、托云牧场一连 H3 滑坡治理工程方案建议

托云牧场一连 H3 滑坡体积约 27000m³，为小型滑坡。滑坡的主要危害对象为下方国防公路行人、车辆的生命财产安全，威胁资产约 300 万元，该滑坡危害对象等级为三级，危险性及危害性较大。

建议采用抗滑支挡+截水工程相结合的治理方案。在滑坡体后缘修建截水沟，减小水对滑坡的浸润，在滑坡体前缘剪出口位置修建挡土墙（图5.3）。治理工程投资估算约300万元。

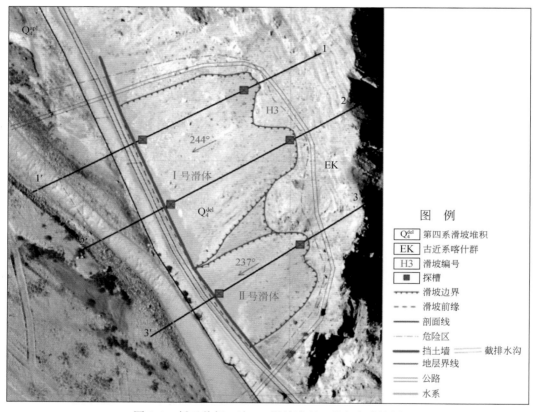

图 5.3　托云牧场一连 H3 滑坡治理工程方案建议图

第三节　小　　结

本章提出了地质灾害隐患点防治建议，对重大地质灾害隐患点提出了治理工程方案建议。

托云牧场 62 处地质灾害隐患点全部纳入群测群防体系，其中 29 处地质灾害隐患点建

议采用抗滑、支挡、坡面防护、爆破清除等工程措施进行治理，建议一连 N4 泥石流采用拦挡坝+排导槽工程方案，一连 B1 崩塌采用被动防护网+主动防护网工程方案，一连 H3 滑坡采用抗滑支挡+截水工程方案。一牧场及叶城二牧场各地质灾害隐患点建议采用简易监测、排危除险、工程治理等措施。

参 考 文 献

安海堂,刘平. 2010. 新疆伊犁地区黄土滑坡成因及影响因素分析. 地质灾害与环境保护,21(3):22~25.

陈杰,李涛,李文巧,等. 2011. 帕米尔构造结及邻区的晚新生代构造现今变形. 地震地质,33(2): 241~259.

陈宁生,崔鹏,刘中港,等. 2003. 基于黏土颗粒含量的泥石流容重计算. 中国科学(E辑技术科学), 33(12):164~174.

陈亚宁,李卫红. 1995. 新疆干旱区地质灾害研究. 海洋地质与第四纪地质,15(3):121~128.

成永刚. 2003. 近二十年来国内滑坡研究的现状及动态. 地质灾害与环境保护,14(4):1~5.

方小敏,吕连清,杨胜利,等. 2001. 昆仑山黄土与中国西部沙漠发育和高原隆升. 中国科学(D辑),31(3): 177~184.

房立华,吴建平,王未来,等. 2014. 2014年新疆于田 M_s 7.3级地震序列重定位. 地球物理学报, 58(3):802~808.

苏风环,崔鹏,张建强,等. 2013. 芦山地震重灾区崩塌滑坡易发性评价. 山地学报,31(4):502~509.

葛伟鹏,袁道阳,邵延秀,等. 2015. 青藏高原西北部区域地壳形变、构造地貌与孕震构造模型研究——以 2008年与2014年新疆于田7.3级地震为例. 地震工程学报,37(3):710~723.

古丽孜巴·艾尼. 2014. 提孜那甫河流域气候变化及其对径流的影响研究. 乌鲁木齐:新疆师范大学.

关颖,程瑶,王东兴. 2018. 新疆大区域滑坡地质灾害危险性评价研究. 测绘工程,27(6):26~31,40.

胡桂胜,尚彦军,曾庆利,等. 2017. 新疆叶城"7·6"特大灾害性泥石流应急科学调查. 山地学报, 35(1):112~116.

胡卫忠. 1994. 新疆干旱环境与滑坡、泥石流及其防治对策. 地质灾害与环境保护,5(3):1~7.

黄润秋,Malone A W. 2000. 香港的边坡安全管理与滑坡风险防范. 山地学报,18(2):187~192.

康玉柱. 2009. 中国西北地区构造体系特征与油气. 新疆石油地质,30(4):407~411.

李保生,董光荣,张甲坤,等. 1995. 塔克拉玛干沙漠及其以南风成相带划分和认识. 地质学报, 69(1):78~87.

李海兵,Valli F,许志琴,等. 2006. 喀喇昆仑断裂的变形特征及构造演化. 中国地质,33(2):239~255.

李永红,向茂西,贺卫中,等. 2014. 陕西汉中汉台区地质灾害易发性和危险性分区评价. 中国地质灾害与 防治学报,25(3):108~112.

刘皑国,江远安,罗昂,等. 2005. 喀什地区地质灾害的规划和预报. 新疆气象,28(S1):52~54.

刘栋梁,李海兵,潘家伟,等. 2011. 帕米尔东北缘——西昆仑的构造地貌及其构造意义. 岩石学报, 27(11):3499~3512.

刘建明,李金,姚远,等. 2020. 2019年1月12日新疆疏附5.1级地震序列重定位及发震构造研究. 地震, 40(1):52~61.

刘希林,苏鹏程. 2004. 四川省泥石流风险评估. 灾害学,19(20):23~28.

马寅生,张业成,张春山,等. 2004. 地质灾害风险评价的理论与方法. 地质力学学报,10(1):7~18.

毛炜峄,孙本国,王铁,等. 2006. 近50年来喀什噶尔河流域气温、降水及径流的变化趋势. 干旱区研究, 23(4):531~538.

乃尉华,张磊. 2009. 新疆叶城县地质灾害分布及其防治对策. 中国地质灾害与防治学报,20(3):

138～141.

潘思渝. 2014. 降雨条件下土质边坡渗流场及稳定性分析. 中外公路,34(3):17～21.

齐信,唐川,铁永波,等. 2010. 基于GIS技术的汶川地震诱发地质灾害危险性评价——以四川北川县为例. 成都理工大学学报,37(2):160～163.

乔建平,王萌,吴彩燕. 2015. 汶川地震灾区滑坡风险区划研究. 工程地质学报,23(2):187～193.

阮沈勇,黄润秋. 2001. 基于GIS的信息量法模型在地质灾害危险性区划中的应用. 成都理工学院学报, 28(1):89～92.

施雅风,沈永平,胡汝骥. 2002. 西北气候由暖干向暖湿转型的信号、影响和前景初步探讨. 冰川冻土, 24(3):219～226.

司康平,田源,汪大明,等. 2009. 滑坡灾害危险性评价的3种统计方法比较——以深圳市为例. 北京大学 学报(自然科学版),45(4):19～32.

苏凤环,崔鹏,张建强,等. 2013. 芦山地震重灾区崩塌滑坡易发性评价. 山地学报,31(4):502～509.

孙本国,毛炜峄,冯燕茹,等. 2006. 叶尔羌河流域气温、降水及径流变化特征分析. 干旱区研究, 23(2):203～209.

孙继敏. 2004. 中国黄土的物质来源及其粉尘的产生机制与搬运过程. 第四纪研究,24(2):175～184.

唐邦兴. 2000. 中国泥石流. 北京:商务印书馆,72～95.

唐川,梁京涛. 2008. 汶川震区北川9.24暴雨泥石流特征研究. 工程地质学报,16(6):751～758.

田述军,孔纪名. 2013. 基于斜坡单元和公路功能的滑坡风险评价. 山地学报,31(5):580～587.

王亚春. 2015. 西气东输二线果子沟段自然灾害分析与风险评价. 石油和化工设备,18(1):26～28.

魏云杰,邵海,朱赛楠,等. 2017. 新疆伊宁县皮里青河滑坡成灾机理分析. 中国地质灾害与防治学报, 28(4):22～26.

吴琦,郝鹏,李福壮. 2019a. 新疆叶城"H08"滑坡运动特征及稳定性研究. 人民长江,50(2):73～75.

吴琦,李福壮,郝鹏. 2019b. 新疆叶城县柴禾沟滑坡成因机理分析. 能源与环保,41(11):72～75,79.

吴树任,石菊松. 2009. 地质灾害风险评估技术指南初论. 地质通报,28(8):996～999.

吴树仁,石菊松,王涛,等. 2012. 滑坡风险评估理论与技术. 北京:科学出版社.

向喜琼,黄润秋. 2000. 地质灾害风险评价与风险管理. 地质灾害与环境保护,11(1):38～41.

徐锡伟,谭锡斌,吴国栋,等. 2011. 2008年于田 M_S 7.3地震地表破裂带特征及其构造属性讨论. 地震地 质,33(2):462～471.

杨发相,岳健,韩志强. 2006. 新疆公路自然灾害及对策. 山地学报,24(4):424～430.

杨莲梅. 2003. 新疆极端降水的气候变化. 地理学报,58(4):577～583.

杨章. 1988. 新疆古地震滑坡的初步研究. 地震学刊,3:1～6.

杨章,张勇,李军,等. 1985. 对1812年3月8日新疆尼勒克8级地震发震构造的初步探讨. 地震学报, 7(4):434～444.

姚远,胡伟华,吴国栋,等. 2016. 2015年7月3日新疆皮山 M_S 6.5地震烈度与地震地质灾害特点. 地震工 程学报,38(4):663～668.

余斌,马煜,吴雨夫. 2010. 汶川地震后四川省绵竹市清平乡文家沟泥石流灾害调查研究. 工程地质学报, 18(6):827～836.

远福,蒲荣泽,王晓磊. 2004. 国道312线果子沟段滑坡体的岩土勘察及治理研究. 有色金属矿产与勘查, 6:74～78.

曾庆利,尚彦军,胡桂胜,等. 2016. 新疆叶城"7.6"滑坡泥石流灾害调查与形成机理研究. 工程地质学报, 24(6):1145～1156.

张振山. 2009. 浅谈叶城县水土流失现状与防治对策. 内蒙古水利,121(3):43～44.

赵焕臣,许树柏,和金生. 1986. 层次分析法. 北京:科学出版社.

赵良军,陈冬花,李虎,等. 2017. 基于二元逻辑回归模型的新疆果子沟滑坡风险区划. 山地学报, 35(2):203~211.

郑洪波,贾军涛,王可. 2009. 塔里木盆地南缘新生代沉积:对青藏高原北缘隆升和塔克拉玛干沙漠演化的指示. 地学前缘,16(6):154~161.

周必凡,李德基,罗德富,等. 1991. 泥石流防治指南. 北京:科学出版社.

Akgun A, Dag S, Bulut F. 2008. Landslide susceptibility mapping for a landslide prone area (Findikli, NE of Turkey) by likelihood frequency ratio and weighted linear combination models. Environmental Geology, 54(6):1127~1143.

Akgun A. 2012. A comparison of landslide susceptibility maps produced by logistic regression, multi-criteria decision, and likelihood ratio methods: a case study at Izmir, Turkey. Landslides,9(1):93~106.

Bommer J J, Rodriguez C E. 2002. Earthquake-induced landslides in Central America. Engineering Geology, 63(3-4):189~220.

Chen J, Li T, Li W Q, et al. 2011. Late Cenozoic and present tectonic deformation in the Pamir salient, Northwestern China. Seismology and Geology,33(2):241~259.

Chen N S, Cui P, Liu Z G, et al. 2003. Calculation of debris flow concentration based on the content of clay. China Science E Series,33(12):164~174.

Fang X M, Lü L Q, Yang S L, et al. 2002. Loess in Kunlun mountains and its implications on desert development and Tibetan Plateau uplift in West China. Science in China(Series D),45(4):289~299.

Guliziba A N. 2014. The study of climate change in Xinjiang Tiznap river basin and its effects on runoff. Urumqi: Xinjiang Normal University.

Havenith H B, Strom A, Torgoev I, et al. 2015. Tien Shan geohazards database: earthquakes and landslides. Geomorphology,249:16~31.

Huang R Q. 2003. Study on the mechanism of typical rock landslide in the west of China. Advance in Earth, 23(3):443~450.

Huang R Q, Li W L. 2009. Analysis of the geo-hazard striggered by the 12 May 2008 Wenchuan earthquake, China. Bulletin of Engineering Geology and the Environment,68(3):363~371.

Lee S, Pradhan B. 2006. Probabilistic landslide hazards and risk mapping on Penang Island, Malaysia. Journal of Earth System Science,115(6):661~672.

Lee S, Sambath T. 2006. Landslide susceptibility mapping in the Damrei Romelarea, Cambodia using frequency ratio and logistic re-gression models. Environmental Geology,50(6):847~855.

Li B S, Dong G R, Zhang J S, et al. 1995. Division and recognition of the Aeolian facies belts in the Taklimakan desert and areas to its south. Acta Geologica Sinica,69(1):78~87.

Lin C W, Liu S H, Lee S Y, et al. 2006. Impacts on the Chi-Chi earthquake on subsequentrain induced landslides in central Taiwan. Engineering Geology,86(2-3):87~101.

Liu A G, Jiang Y A, Luo A, et al. 2005. Programming and forecast of the geological disaster in Kashi area. Bimonthly of Xinjiang Meteorology,28(S):52~54.

Mao W Y, Sun B G, Wang T, et al. 2006. Change trends of temperature, precipitation and runoff volume in the Kaxgar river basin since recent 50 years. Arid Zone Research,23(4):531~538.

Nai W H, Zhang L. 2009. Geological disaster distribution and its countermeasures in Yecheng county, Xinjiang. The Chinese Journal of Geological Hazard and Control,20(3):138~141.

Ozdemir A. 2009. Landslide susceptibility mapping of vicinity of Yaka Landslide (Gelendost, Turkey) using conditional probability approach in GIS. Environmental Geology,57(7):1675~1686.

Pradhan B. 2010. Remote sensing and GIS-based landslide hazard analysis and cross-validation using multivariate logistic regression model on three test areas in Malaysia. Advances in Space Research,45:1244~1256.

Shi Y F,Shen Y P,Hu R J. 2002. Preliminary study on signal,impact and foreground of climatic shift from warm-dry to warm-humid in Northwest China. Journal of Glaciology and Geocryology,24(3):219~226.

Sun B G,Mao W Y,Feng Y R,et al. 2006. Study on the change of air temperature,precipitation and runoff volume in the Yarkant river basin. Arid Zone Research,23(2):203~209.

Sun J M. 2004. Provenance,formation mechanism and transport of loess in China. Quaternary Sciences,24(2): 175~184.

Takahashi T. 1981. Debris Flow. Annual Review of Fluid Mechanics,13:57~77.

Tang B X. 2000. Debris Flow in China. Beijing:The Commercial Press:72~95.

Tang C,Liang J T. 2008. Characteristics of debris flows in Beichuan epicenter of the Wenchuan earthquake triggered by rainstorm on September 24,2008. Journal of Engineering Geology,16(6):751~758.

Tang C,Zhu J,Li W L. 2009. Emergency assessment of seismic landslide susceptibility:a case study of the 2008 Wenchuan earthquake affected area. Earthquake Engineering and Engineering Vibration,8(2):207~217.

The Geological Investigation Team of Chinese Academy of Science for Yecheng 7. 6 Disaster. 2016. Report on the investigation of landslide—debris flow in No. 6 village,Yecheng county. Urumqi:Xinjiang Branch,Chinese Academy of Sciences:17~61.

Xu X W,Tan X B,Wu G D,et al. 2011. Surface rupture features of the 2008 Yutian M_S 7. 3 earthquake and its tectonic nature. Seismology and Geology,33(2):462~471.

Yang L M. 2003. Climate change of extreme precipitation in Xinjiang. Acta Geographica Sinica,58(4): 577~583.

Yu B,Ma Y,Wu Y F. 2010. Investigation of severe debris flow hazards in Wenjia gully of Sichuan Province after the Wenchuan earthquake. Journal of Engineering Geology,18(6):827~836.

Zhang Z S. 2009. Primary study on the soil loss in Yecheng county and its countermeasures. Inner Mongolia Water Resources,121(3):43~44.

Zheng H B,Jia J T,Wang K. 2009. Cenozoic sedimentation in the southern Tarim Basin:implications for the uplift of northern Tibet and evolution of the Taklimakan desert. Earth Science Frontiers,16(6):154~161.

Zhou B F,Li D J,Luo D F,et al. 1991. Guide of Debris flow Prevention. Beijing:Science Press.